AF826186

Alfa Romeo 75 – Fahren aus Leidenschaft

UMBERTO DI PAOLO

ALFA ROMEO 75

FAHREN AUS LEIDENSCHAFT 1985–1992

HEEL

HEEL Verlag GmbH
Gut Pottscheidt
53639 Königswinter
Telefon 0 22 23/92 30-0
Telefax 0 22 23/92 30 26
Mail: info@heel-verlag.de
Internet: www.heel-verlag.de

Verantwortlich für den Inhalt: Umberto Di Paolo

Lektorat: Jost Neßhöver

Gestaltung: Huwer-Design, Hürth

Umschlaggestaltung: F5 Mediengestaltung, Bonn

Printed in Slovakia

ISBN: 978-3-95843-040-2

1

2

3
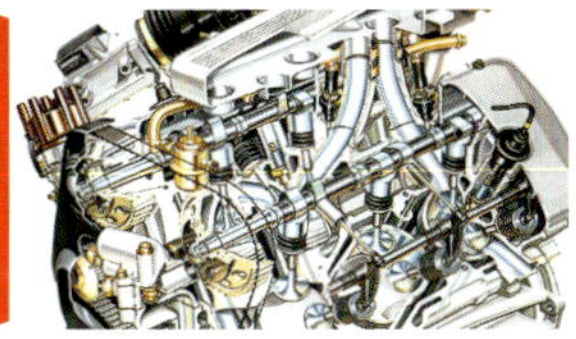
4

5

6

7

8

Der Autor

Umberto Di Paolo, Jahrgang 1968, wurde durch seinen Vater schon in frühester Jugend vom Alfa-Virus infiziert. Durch die Vorliebe zu den Sportwagen aus dem Mailänder Vorort Arese absolvierte er auch eine Ausbildung zum Automechaniker. Dabei entwickelte sich eine noch größere Faszination für die italienische Autobaukunst, wobei es ihm anfangs vor allem der GTV6 angetan hat, dem er auch sein erstes Buch gewidmet hat.

Diese Publikation über den Alfa 75 ist bereits sein sechstes Werk über Alfa-Romeo-Modelle. Neben Büchern über den GTV6 veröffentlichte er eins über die Tourenwagenlegende Alfa 155 und eins über den limitierten Supersportwagen 8C Competizione.

Umberto Di Paolo fährt seit seinem achtzehnten Lebensjahr Alfa Romeo. Nach einer Alfetta GTV 2.0, einem GTV6, Alfa 156 2.5 V6 und der Limousine 166 3.0 V6 fährt er seit nunmehr neun Jahren einen zuverlässigen Alfa Romeo 147 GTA 3.2 V6 24V. Eine große Sammlung von Büchern, Fotos, Prospekten und Modellautos bildet sein Privatarchiv.

Romeo

Vorwort

Zum 75-jährigen Bestehen der Marke präsentiert Alfa Romeo 1985 eine neue Mittelklasse-Limousine, die den Jubiläumsnamen Alfa 75 erhält. Der „dynamische Keil“ ist der letzte reine Alfa Romeo, der unter staatlicher Führung entstand, bevor das Staatsunternehmen Ende 1986 in den Fiat-Konzern eingegliedert wird. Er ist zugleich, abgesehen von den von Zagato eingekleideten und auf 75er-Technik basierenden Sportwagen SZ und RZ, der letzte Alfa Romeo mit Transaxle-Getriebe und Hinterradantrieb.

Als Nachfolger der Giulietta steht der Alfa Romeo 75 ganz in der Tradition der Mailänder Marke – für Komfort, Sportlichkeit, Eleganz. Im Motorsport löst er das Coupé Alfetta GTV6 bei den Tourenwagen und in der Rallye ab und schreibt weitere bemerkenswerte und erfolgreiche Kapitel in die Alfa-Romeo-Geschichtsbücher.

Sein unverkennbares Design mit Ecken und Kanten sorgt anfangs nicht nur für Begeisterung – aber ist es letztlich nicht genau dieses zeitlose Design mit markanter Keilform, das den Charme dieses letzten Großserien-Transaxle-Alfas ausmacht? Ich meine: Ja. Und das ist auch der Grund für dieses Buch über die Sportlimousine aus Arese.

Lassen Sie sich anstecken von der Begeisterung, die ich während der intensiven Recherchen erfahren durfte. Der Alfa Romeo 75 ist ein Automobil mit Charakter und Seele, mit dem gewissen Etwas, das ihn beeindruckend und begehrenswert macht. Ein Auto, das die Freude, es zu betrachten, es zu besitzen und es zu fahren, vollkommen macht.

Der 75 war erneut ein Alfa Romeo, der Technologie, Leidenschaft, Begeisterung und Vernunft miteinander zu verbinden vermag und der sowohl mit den 4-Zylinder-Motoren samt den alfatypischen Ansauggeräuschen als auch mit dem Turboaggregat und den V6-Motoren faszinierendes Fahrvergnügen bereitet.

Dieses Buch konnte nur dank der Unterstützung von Freunden und Alfa-Romeo-Enthusiasten zu Stande kommen. Ein herzliches Dankeschön für deren Einsatz und Unterstützung. Besonderer Dank gilt allen Fotografen, die ihr Bildmaterial zur Verfügung gestellt haben und natürlich Marco Fazio vom Centro Storico Documentazione Alfa Romeo in Arese für die wertvollen Dokumentationen und Bilder. Dank auch allen weiteren Freunden und Bekannten, die mich im Laufe der Recherchen „mit Wort und Bild“ begleitet haben.

Lassen Sie mich hier für Sie ein weiteres Kapitel Alfa Romeo aufschlagen. Hoffen wir, dass das Cuore Sportivo noch lange weiterschlägt.

Viel Spaß!

Altöl
SH·300

1 Die Entwicklung – Komfortrenner mit Klassefahrwerk

Oben links: Alfetta Tipo 158 (1938 – 1940)

Oben rechts: Alfa Romeo Alfetta (1972 – 1984)

Unten links: Transaxle Bauweise beim Tipo 158

Rechts: Alfa Romeo Giulietta (1977 – 1985)

1 Die Entwicklung – Komfortrenner mit Klassefahrwerk

Am 17. Mai 1985 stellt Alfa Romeo den 75 offiziell der Presse vor. Ganz streng genommen reicht die Entstehung dieser Sportlimousine über 34 Jahre bis ins Jahr 1951 zurück, denn bereits die Rennwagen Alfetta Tipo 158 und Tipo 159, die dem Mailänder Konzern 1950 und 1951 die Formel-1-Weltmeisterschaft mit Nino Farina und Juan Manuel Fangio bescherten, waren richtungweisend für die Technik der Transaxle-Alfas und somit auch für den 75.

1972 kam die Sportlimousine Alfetta mit der Getriebe-Hinterachs-Konstruktion aus Kupplung und Fünfganggetriebe an der aufwändigen DeDion-Hinterachse. Nach Tipo 158 und Tipo 159 war die „neue" Alfetta somit Technologieträger für die Zukunft. Das Fahrwerk wurde stetig weiterentwickelt und den Bedürfnissen der Fahrzeuge der jüngeren Generationen angepasst. Trotzdem blieb die Bauweise bis 1993, als mit dem Alfa Romeo RZ der letzte Transaxle-Alfa das Werk verließ, im Prinzip unverändert.

Um die ungefederte Masse möglichst gering zu halten, sind die Scheibenbremsen direkt am Differenzial angeflanscht. Die Transaxle-Konstruktion leitete eine fahrwerkstechnische Trendwende im Personenwagenbau der Marke ein. Die ausgeglichene Achslastverteilung war eine Voraussetzung für stabiles, neutrales und sicheres Fahrverhalten. Auch die Vorderachskonstruktion mit Einzelradaufhängung an Doppel-Querlenkern mit Drehstabfederung sorgte schon bei der Alfetta für gute Haftung.

Die Buchhalter anderer Automobilhersteller konnten da nur mit den Schultern zucken. Derart aufwendige Technik fand sonst allenfalls bei ungleich teureren Exoten italienischer Provenienz Verwendung. Alfa Romeo und die Kundschaft nahmen es mit Genugtuung und Freude zur Kenntnis.

So blieb Alfa Romeo der Bauweise bis in die 90er Jahre hinein treu: Nach der Alfetta verfügten auch Alfetta GT, GTV und Giulietta sowie GTV6, Alfa 90 und eben der Alfa Romeo 75 über diese Technik, bevor die von Zagato karossierten Extremsportler SZ und RZ als letzte mit dieser Technik vom Band liefen.

Obwohl Anfang der Achtziger Gerüchte zirkulierten, die staatliche Holding IRI würde Alfa Romeo womöglich gar an ein nicht-italienisches Unternehmen verkaufen, setzte man die Erneuerung der Modellpalette fort. So wurde

Oben links: Alfa Romeo 90 (1984 – 1987)

Oben rechts: Alfa Romeo GTV6 (1981 – 1986)

Links: Alfa Romeo SZ (1989 – 1991)

also 1985 mit dem Alfa 75, pünktlich zum 75-Jährigen von Alfa Romeo, der Nachfolger der Giulietta vorgestellt. Das Ergebnis war ein mustergültiges Auto, das perfekt das Alfa-Image von Leistung und Sportlichkeit in elegantem Gewand erfüllte und den guten Ruf der italienischen Sportlimousinen in aller Welt festigte.

Da man bereits mit dem Alfa 33 angefangen hatte, die Modelle mit Zahlen zu benennen, war es zu diesem Firmen-Geburtstag selbstverständlich, dass der neue Alfa Romeo nun auf den Namen Alfa 75 getauft wurde und nicht, wie ursprünglich geplant, auf „Nuova Giulietta“.

Der 75 stand ganz in der Tradition der in den 50er und 60er Jahren gebauten Giulietta und der Giulia der 60er und 70er Jahre. Die Ansprüche aber waren seither gestiegen. Nach wie vor standen hohe Fahrleistungen im Vordergrund, nun aber ging es auch um zeitgemäßen Komfort, um Alltagstauglichkeit und um Platz im Innenraum. Die Alfa-Techniker erstellten im Verlauf der Entwicklung eigens einen Qualitätskodex, ein echtes Dossier, in das buchstäblich tausende Bestandteile und Funktionen aufgenommen wurden, um die Qualitätsanforderungen zu definieren, die der Alfa 75 zu erfüllen hatte.

Nach Abschluss der Planung galt es, die Lösungen aus dem Projektstadium in die Praxis der Massenproduktion zu übertragen. Für diese heikle Übergangsphase wurde für den Alfa 75 eine eigene kleine Fließbandproduktion für Prototypen, eine so genannte „Pilot Plant“, gebaut. So ließen sich für die unterschiedlichen Prototypenserien auch die Abläufe am Montageband in der Praxis studieren und verbessern.

Diese echte Vorproduktion von Prototypen in erster, zweiter und dritter Generation erlaubte die Umsetzung der technischen und der produktionstechnischen Vorgaben lange vor Anlauf der Großserie – und schuf die Voraussetzung dafür, dass vom allerersten ausgelieferten Wagen an ein gleichbleibend hoher Qualitätsstandard garantiert wurde.

Die in der „Pilot Plant“ produzierten Prototypen wurden den härtesten Tests unterworfen. Zu den wichtigsten zählten Aufpralltests (Crashtests), Korrosionstests, Salzbäder, Strapazen in Kälte- und Hitzekammern, Langlebigkeitsprüfungen und spezielle Teststreckentests. Diese Experimente und Vorprüfungen dienten der Sicherstellung der so genannten Präventivqualität.

Oben: Alfa Romeo 75 2.5 V6 QV

Unten: Als der Alfa-Romeo-Schriftzug noch über den alten Werkhallen von Arese thronte.

Während der laufenden Massenproduktion wurden in jeder entscheidenden Phase Qualität und Funktion der Komponenten kontrolliert. Am Ende des Produktionszyklus und nach Bestehen aller Qualitätskontrollen wurde außerdem jeder Wagen vor seiner Reise in den Handel noch einmal einem Schlusstest unterzogen: zuerst am Prüfstand, dann direkt auf der Teststrecke.

Ermanno Cressoni, der damalige Leiter des „Centro Stile Alfa Romeo", war persönlich für das Design verantwortlich, und die Entwickler verstanden es, den auf dem Test- und Prüfgelände in Balocco feingeschliffenen Viertürer die alfatypischen Tugenden anzuzüchten und sie zu perfektionieren.

Man hatte sich von vornherein vorgenommen, das Modell 75 vom bereits 1984 im gleichen Segment lancierten Alfa 90 zu trennen. Während man den Alfa 90 dem arrivierten, auf Komfort bedachten Publikum mit gewissem Prestigeanspruch empfahl, zielte der Alfa 75 bewusst auf eine sportlich eingestellte Klientel, die Leistung und Tempo zu schätzen wusste. Immerhin entsprachen beide Modelle einander in Größe, Charakter, Technik und Preis, und beide waren in der oberen Mittelklasse angesiedelt.

Der 75 sollte nun genau das richtige Fahrzeug nicht nur für die ehemaligen Giulietta-Fahrer sein, sondern auch Kenner und Liebhaber von der Konkurrenz, etwa potenzielle BMW-Umsteiger, locken. Bei der Vorstellung war er neben dem 3er BMW und dem Mercedes 190 eines der wenigen Autos seiner Klasse, die noch Heckantrieb hatten.

Während die Ingenieure sich aus dem Regal der ausgereiften Vorgänger-Modelle Alfetta und Giulietta bedienten und technisch an die großen Zeiten der Ur-Giulietta anknüpften, setzten die Designer auf eine gefällige Karosserie in Keilform, die hervorragende Fahrleistungen ermöglichte und vom Publikum mit Wohlgefallen aufgenommen wurde.

Zu Verkaufsbeginn im Mai 1985 standen fünf Motorvarianten im Angebot: der bekannte Doppelnockenwellen-Vierzylinder mit 1,6, 1,8 und 2,0 Litern Hubraum sowie ein Zweiliter-Turbodiesel und als Topmodell der 2.5 Quadrifoglio Verde mit dem bereits mehrfach preisgekrönten V6-Motor.

Dass man mit dem Konzept des Alfa 75 ein ausbaufähiges Programm in der Hand hatte, war in Arese von vornherein ins Kalkül gezogen worden. So zielte man mit

Oben: Alfa Romeo 75 1.8 Turbo IMSA

Mitte links: Das Alfa-Romeo-Werk im Mailänder Vorort Arese

Mitte rechts und unten: Abstellplätze für die neuen Alfa 75 am Werk in Arese und in der deutschen Alfa-Zentrale in Frankfurt am Main

Im großen Stil kamen bei der Produktion des Alfa 75 Roboter zum Einsatz.

diesem Auto auch wieder verstärkt auf die Übersee-Märkte, also auch auf Japan und vor allem in Richtung USA, wo damals nur GTV6 und Spider angeboten wurden.

Zu diesem Zweck schuf man im Frühjahr 1986 den 75 Milano mit geregeltem Katalysator, ein Muss für die strengen US-Abgasnormen. Die Erwartungen waren groß: Der Milano sollte noch im gleichen Jahr den Absatz in den Vereinigten Staaten verdoppeln. Das erste Kontingent startete mit dem Alitalia-Flug AZ 616 von Milano aus direkt nach Los Angeles.

Ebenfalls 1986 kam dann auch der aufgeladene 1,8 Turbo I.E., der 1987 durch die auf 500 Exemplare limitierte Sonderversion „Turbo Evoluzione“ ergänzt

Oben: Montageband der 1. Serie

Unten: Letzte Funktionstests

wurde. Damit ließ sich ein reinrassiger Sportwagen für die Gruppe A homologieren. Der schon seit dem Alfa Romeo 1900 bekannte Alfa-Slogan „Der Familienwagen, der Rennen gewinnt“ gewann nun wieder enorm an Bedeutung.

Als 1986 auf der Automobilausstellung in Turin gar der Prototyp einer Kombi-Version des Alfa Romeo 75 gezeigt wurde, hofften wohl einige Alfisti auf die Serienfertigung dieser „Sportwagon“ genannten Studie. Doch vergebens: Leider wurde das Projekt des von Rayton Fissore entworfenen Sportkombis nicht weiter verfolgt, so dass die Pläne, nach erneutem Ausstellen auf dem Automobilsalon in Genf, in den Schubladen und somit in der Versenkung verschwanden.

Im alten Alfa-Romeo-Werk in Arese: Links oben werden Motoren auf dem Prüfstand getestet, rechts die Produktionsstraße für die Vierzylinder-Vergasertriebwerke. Das große Bild zeigt die vollautomatischen Schweißroboter bei der Herstellung der selbsttragenden Karosserie.

Am Ende des Fließbandes werden die letzten Prüfungen vorgenommen (oben), bevor die Fahrzeuge auch noch auf dem Rollenprüfstand (unten links) und den diversen Teststrecken auf Herz und Nieren getestet werden – etwa auf Pflaster.

Oben links: Alfa Romeo 75 2.5 QV

Oben rechts: Sportlich-elegant ist das Interieur des 75

Unten links: Alfa Romeo 1.8 Turbo

Unten rechts: Die ersten Milano wurden mit Alitalia-Flug AZ 616 in die USA gebracht.

Ebenfalls auf dem Genfer Automobilsalon im März 1987 präsentierte Alfa Romeo den 75 2.0 Twinspark und den 3.0 V6 America mit aufgebohrtem V6-Motor und nunmehr 185 PS. Der Presse waren die beiden Modelle bereits am 24. Februar vorgestellt worden.

Der Twin Spark war ein Auto mit einem komplett neuen Motor. Das Konzept mit zwei Zündkerzen pro Zylinder zwecks optimierter Gemischverbrennung war bereits aus dem Ur-GTA bekannt. Motor und Zylinderkopf wurden total neu aufgebaut und mit einer Motronic-Einspritzung von Bosch versehen. Das Ergebnis konnte sich sehen lassen: 145 PS aus zwei Litern Hubraum und mit nur acht Ventilen. Obwohl bereits Versuchsmotoren mit 12 und mit 16 Ventilen getestet wurden, kam man in der Serienfertigung wieder von diesem Vorhaben ab.

1988 lösten dann der 1.6 I.E. und der 1.8 I.E. die beiden Vergaser-Pendants ab, und ein zweiter Turbodiesel, nun auch mit 2,4 Litern Hubraum, erweiterte das Angebot erneut. Alfa Romeo setzte bei der 75er-Baureihe ganz offenbar auf noch mehr Sportlichkeit und lieferte den Beweis für herausragende technologische Leistungen im traditionell fortschrittlichen Motorenbau. Das sportliche

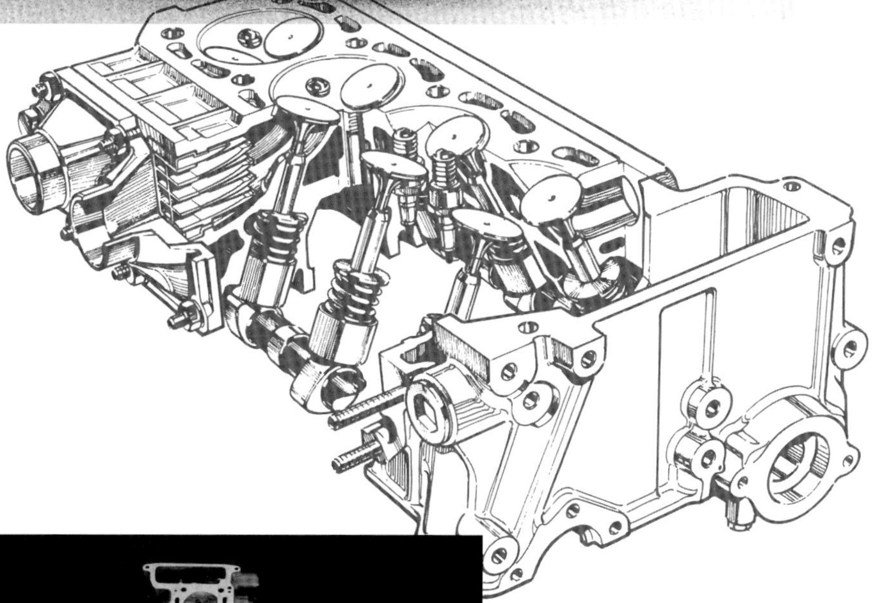

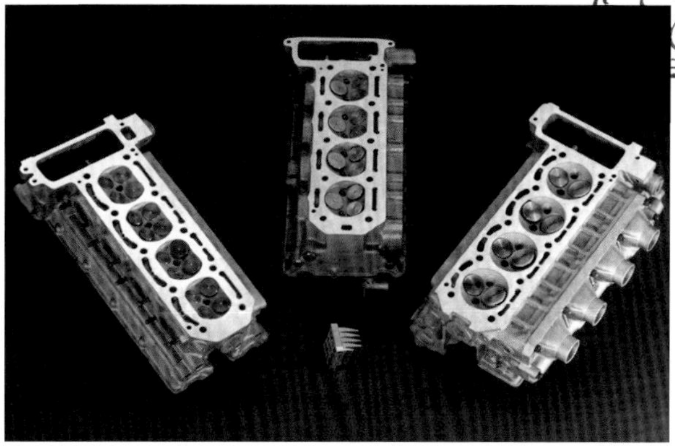

Image, das Automobile von Alfa Romeo schon immer klar von der Konkurrenz abgrenzte, wurde durch Twin Spark und America erneut bestätigt.

Im Jahr zuvor war übrigens Alfa tatsächlich wieder privatisiert worden. Nach 52 Jahren unter staatlicher Ägide hatte zum Jahresbeginn Fiat den finanziell angeschlagenen Konzern übernommen, der so immerhin in italienischen Händen blieb. Ein Facelift für den Alfa 75 war die Folge, und es gelang sehr gut. Ab Herbst 1988 standen nur noch überarbeitete 75er im Programm. Eine neue Kühlermaske mit lackiertem Rahmen, neu

Oben und links: Todschick, aber nicht in Serie gegangen: der Prototyp des 75 Sportwagon von Rayton Fissore

Mitte: der Zylinderkopf des Twinspark-Motors

Links: Verschiedene Versuchszylinderköpfe mit Mehrventiltechnik oder Doppelzündung

Immer noch im Dienst: Diesen 1.8 I.E. des Autocentro Polizia di Stato di Milano nutzen die Beamten nach wie vor für Präsentationen und Oldtimer-Veranstaltungen. Es ist ein echter Streifenwagen und kein Nachbau. Assistente Capo Claudio Montagni betreut einige historische Fahrzeuge.

gestaltete Außenspiegel, transparente Windabweiser an den vorderen Türen und einheitlich rote Rückleuchten waren die Erkennungszeichen.

Das umlaufende graue Kunststoffband war nun bei allen Modellen am Heck als Spoiler ausgebildet. Generell wurde die ganze Aerodynamik der Karosserie verfeinert, was aktiv, aber äußerlich kaum zu erkennen, die Windschnittigkeit der neuen Modelle verbesserte. Lästige Luftwirbel und Windgeräusche wurden wirksam bekämpft und der Luftwiderstandsbeiwert (c_W-Wert) um 4,5 Prozent auf 0,33 gesenkt, was zu einem um 20 Prozent geringeren Kraftstoffverbrauch führte.

Selbstverständlich wurde auch das Fahrwerk der höheren Leistung angepasst, um bei gleicher Querbeschleunigung geringere Seitenneigung zu erreichen. Ebenso wurden die komplette Inneneinrichtung der erklärt sportlich-eleganten Gesamterscheinung des Alfa 75 luxuriös und geschmackvoll angeglichen und der Geräuschkomfort durch spezielles Dämm-Material verbessert.

Außerdem gab es neue Wischerarme für ein größeres Sichtfeld und leichte Modifikationen an den Instrumenten, die sich mit farblich neu gestalteten Skalen deutlich besser ablesen ließen. Obwohl technisch alles beim Alten blieb, präsentiert sich die Alfa-Romeo-Baureihe 75 nun noch besser abgestuft, um auch dem ausgefallenen Kundengeschmack die passende Modellversion anbieten zu können.

Die Kundschaft hatte inzwischen die Wahl aus einer breiten Palette von Motoren, wobei jeder für sich eine technische Spitzenleistung darstellte. Das absolute Topmodell der 75er-Baureihe wurde erst 1990 vorgestellt: Der 3.0 V6 Quadrifoglio Verde löste den America ab und leistete stolze 192 Serien-PS. Der 75 Turbo kam ebenfalls 1990 als Turbo Quadrifoglio Verde auf den Markt, war äußerlich kaum vom 3.0 QV zu unterscheiden und um zehn auf 165 PS erstarkt.

Zu dieser Zeit stellte sich allerdings auch schon die Frage des 75er-Nachfolgers, und die Wachablösung durch den

Ein kleiner Teil der Alfa-Flotte der Polizia Ticino

Alfa Romeo 155 stand kurz bevor. Das Produktionsende kam 1992, als das letzte Exemplar, ein 1.6 I.E. mit der Chassisnummer ZAR 162B00*06261500, vom Band rollte.

Insgesamt wurden in der siebenjährigen Bauzeit von 1985 bis 1992 knapp 400.000 Exemplare der Sport-Limousine gebaut, gelegentlich ist allerdings auch von bis zu 415.000 Stück die Rede. Obwohl nur annähernd 21.300 Alfa 75 mit V6-Motor verkauft wurden, waren sie wohl die reizvollsten Vertreter der Gattung und sind hauptsächlich außerhalb Italiens an den Mann gebracht worden.

Volumenmodelle waren jene mit den kleineren Motoren. Mehr als 360.000 Stück hatten zwei Liter Hubraum oder weniger. Speziell in Italien spielte da die hohe Steuer eine Rolle, die für Fahrzeuge mit mehr als zwei Litern fällig wurde.

Weil Alfa Romeo zu Produktionsbeginn des Alfa 75 noch in Staatsbesitz war, sind übrigens auch viele Behörden mit den sportlichen Viertürern ausgestattet worden. 75er mit ihrem großzügigen Platzangebot gab es als Dienstwagen bei „Polizia" und „Carabinieri", bei der „Guardia di Finanza", der „Polizia Penitenziaria", beim Militär „Esercito" und bei den Feuerwehren „Vigili del Fuoco".

Weitere Kunden waren Taxiunternehmen, Autobahnzentralen und Sanitätsdienste sowie die Schweizer Polizei im Tessin. Zu sehen waren 75er auch beim Radrenn-Klassiker „Giro d'Italia" als Begleitfahrzeuge und bei Formel-1-Rennen in Monza und Imola als Medical- und Safety-Car. Der Alfa Romeo 75 war aber in sportlicher Hinsicht nicht nur Statist, er überzeugte auch selbst als Protagonist, wie im Kapitel „Rennsport" ausführlich nachzulesen ist, in zahlreichen Tourenwagenrennen und als Rallyewagen.

Dabei machte der Alfa 75 seinen Urahnen als „Familienauto, das Rennen gewinnt", wie erwartet alle Ehre. Seinem Namen, Symbol für die technische Überlegenheit während der 75-jährigen Unternehmensgeschichte von Alfa Romeo, die das Markenzeichen mit der Natter in der ganzen Welt berühmt gemacht hatte, erwies sich der Alfa Romeo 75 ebenfalls mehr als würdig.

Von oben: Die Carabinieri waren stets guter Kunde bei Alfa Romeo. Darunter ein Wagen der Gefängnispolizei in Italien, der Polizia Penitenziaria. Die leuchtfarbenen Streifen zieren ein Exemplar aus der Schweiz, wo der 75 vor allem im Tessin zum Einsatz kam. Schließlich ist ein 75er der Feuerwehr (CEA) auf der Grand-Prix-Strecke von Monza zu sehen.

TG·66691

2 Das Design – die schnelle Limousine mit dem Knick

2 Das Design – die schnelle Limousine mit dem Knick

Die erste Begegnung ist immer von Bedeutung, zuweilen gar entscheidend. Dies gilt nicht nur für Menschen, sondern auch für Automobile. So ist es naturgemäß stets die äußere Erscheinung eines Autos, die dem Betrachter ins Auge sticht, bevor man sich Gedanken über die inneren Werte des Fahrzeugs macht. Das Gehirn signalisiert sofort Interesse – oder eben nicht, und wendet sich in dem Fall Interessanterem zu. Der 75 lässt bestimmt kaum jemanden kalt – für viele Alfisti aber haben die Designer, allen voran Ermanno Cressoni, mit dem Entwurf voll ins Schwarze getroffen. Der 75 ist ein Auto mit unverwechselbarem Charme und mit dem gewissen Etwas, eigenwillig und charaktervoll, begehrenswert und verführerisch.

Entwicklungschef Domenico Chirico und Ermanno Cressoni, der Leiter der hauseigenen Styling-Abteilung „Centro Stile“, hatten den Auftrag, eine Limousine mit sportlichem Charakter zu entwickeln, die all diesen Ansprüchen gerecht wird – und nebenbei ein Auto, das die schrumpfenden Absatzzahlen wieder vergrößern und den angeschlagenen Staatsbetrieb wieder in die Gewinnzone führen sollte.

Bereits bei der Planung wurde auf höchste Qualität geachtet. Computer-gestütztes Design (CAD) sowie Rechenprogramme und Struktursimulationen mit finiten Elementen kamen zur Anwendung. Ermanno Cressoni, verantwortlicher Designchef für Außen- und Innendesign, beschrieb „seinen“ Alfa 75 bei der Präsentation im Mai 1985 so:

„Wir standen vor der Aufgabe, eine Karosserielinie zu finden, die den sportlichen Charakter des Fahrzeugs deutlich ausdrückt und die in der Lage ist, den 75 zu einem der bestgelungenen Alfa Romeos überhaupt werden zu lassen. Die stilistische Verwandtschaft mit dem Alfa 33 war nicht unbeabsichtigt. Wenn man den Blick an der Seite der beiden Fahrzeuge entlang schweifen lässt, von der Front bis zum Heck, wird das sichtbar.

Diese optische Reiseroute, nennen wir es mal so, hebt klar drei Segmente hervor. Vom Bug bis zum höchsten Punkt der Front steigt sie steil an, verläuft dann im zweiten Segment im Wesentlichen waagerecht und steigt wieder an bis zum Endpunkt des Hecks im dritten Segment.

Klar, dass diese Linie instinktiv einen schwungvollen Eindruck vermittelt. Sie ist ein wichtiges, wenn nicht sogar das wichtigste Element der äußeren Sportlichkeit, die der Alfa 75 ausstrahlt, auch wenn man ihn im Stand

betrachtet. Es scheint, als bewege er sich, hat sogar jemand gesagt.

Hier aber endet die stilistische Verwandtschaft mit dem 33. Auch wenn wir uns auf die Seitenansicht beschränken wollten, ist offensichtlich, dass der hintere Teil des 75 anders geformt ist. Es genügt, ans Verhältnis zwischen Höhe und Länge des Hecks zu denken, an den starken Neigungswinkel der Heckscheibe, an die Aufwärtsbewegung des mittleren Profils, das an der Seite entlangläuft in Korrespondenz mit dem hinteren Radkasten.

Um die Gestaltung der fast spitzen Front und des stattlichen Hecks auf einen gemeinsamen stilistischen Nenner zu bringen, wurden die Seitenteile des Fahrzeuges mit einer Doppel-Linie gezeichnet, mit ‚explosivem' Verlauf: Die Abstände zwischen den Linien werden in Richtung Heck rapide größer.

Bei der Frontpartie würde ich wenigstens zwei Punkte nennen, die den sportlichen Charakter des Alfa 75 betonen: als ersten die ausgesprochen flach-waagerechte Trapezform des Grills. Sie verstärkt den schwungvollen Eindruck, den der Alfa 75 von vorne bietet. Um maximale Harmonie der Gesamtheit zu erreichen, wurde den beiden optischen Gruppen, die seitlich an den Kühlergrill angrenzen, eine umgekehrte Trapezform gegeben.

Das zweite hervorstechende Element der Frontpartie sind die beiden Sicken auf der Motorhaube. Sie haben doppelte Funktion: einmal die der äußerlichen Charakterisierung und zum anderen die der strukturellen Verstärkung. Sie sind stilistisch ungewöhnlich, nähern sich bis zur Basis der Windschutzscheibe einander an und sorgen für Dynamik.

Bemerkenswert an der Motorhaube ist auch am hinteren Ende der Abstand zur Frontscheibe. Er dient zur Ableitung des Luftstromes bei höheren Geschwindigkeiten. Ein rein funktionelles Element also.

Zugunsten ausreichender Luftzufuhr in den Motorraum haben wir beim Entwurf der Frontpartie Öffnungen von beachtlicher Größe vorgesehen, eine von den Nebelscheinwerfer-Gehäusen begrenzte im Stoßfänger sowie eine weitere im Frontspoiler, der beim Alfa 75 ein weiteres funktionelles Element der Sportlichkeit ist.

Am Heck hingegen haben wir auf dekorative Elemente fast völlig verzichtet, um die im Wesentlichen gerade Linie der Gesamtheit nicht zu stören. Die beste Lösung in

Ermanno Cressoni, Leiter des Centro Stile Alfa Romeo und federführender Designer beim Alfa Romeo 75

Das Design des Alfa Romeo 75 und die keilförmige Linienführung orientierten sich an den Vorgängermodellen 33 und Giulietta.

Oben links: Alfa Romeo 33 1.5

Oben rechts: Alfa Romeo Giulietta 1.8

Mitte: Alfa Romeo 75 1.8 Turbo

Unten: Das 1:1-Modell des Alfa 75 aus Holz und Kunststoff im Centro Stile Alfa

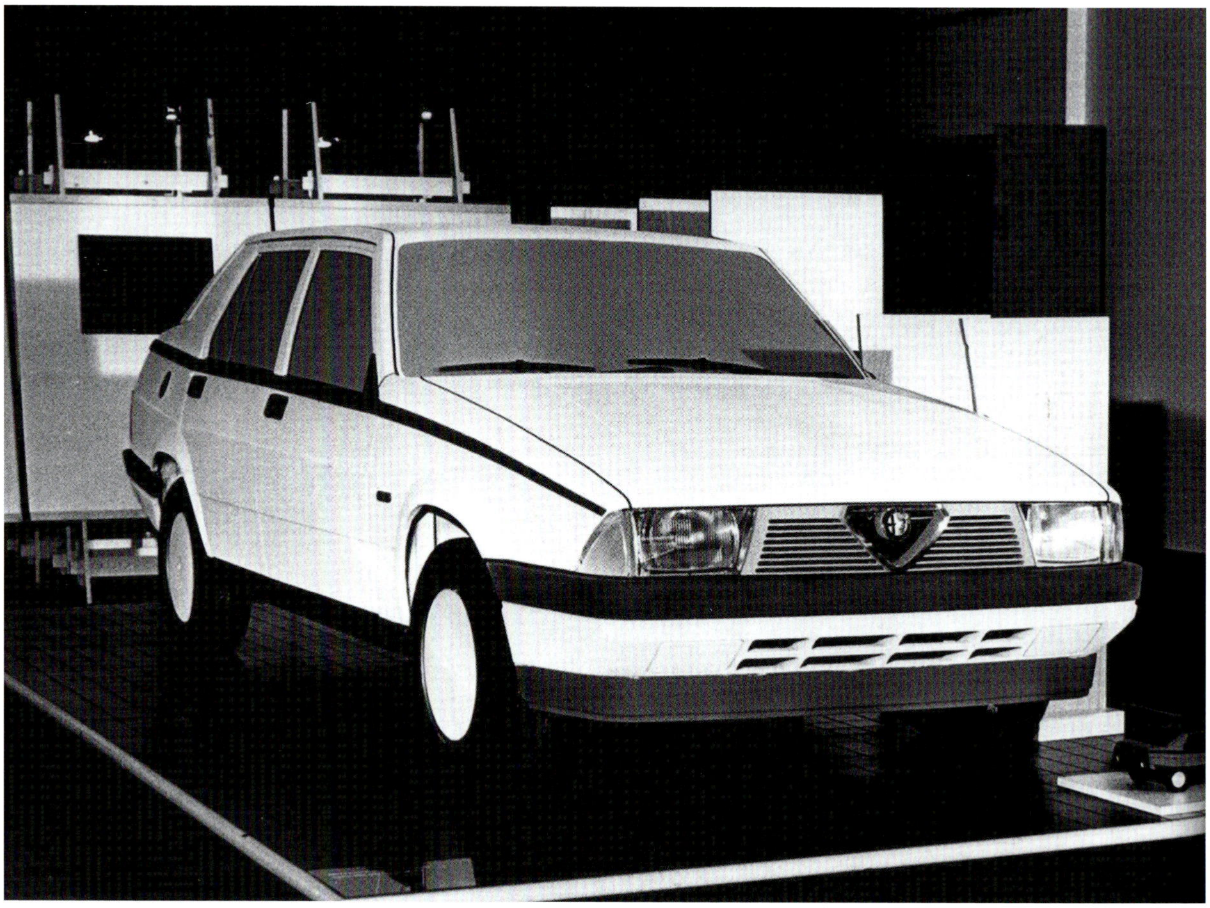

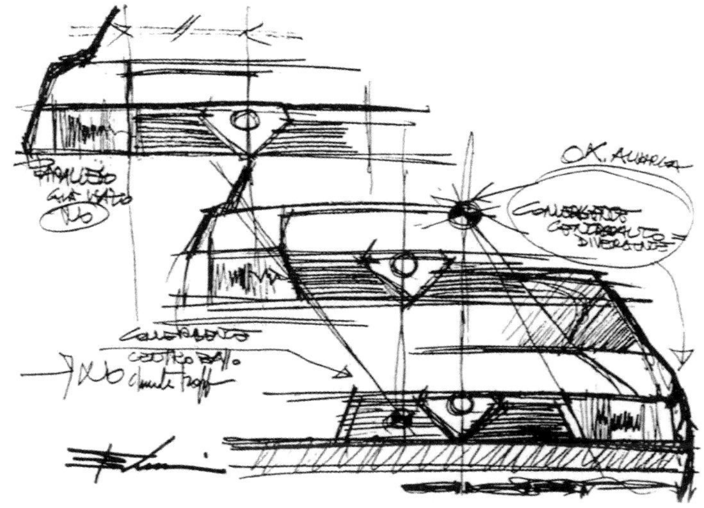

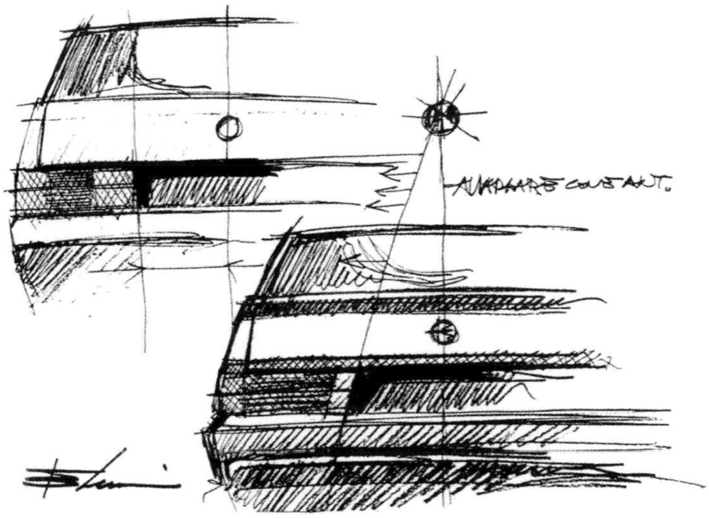

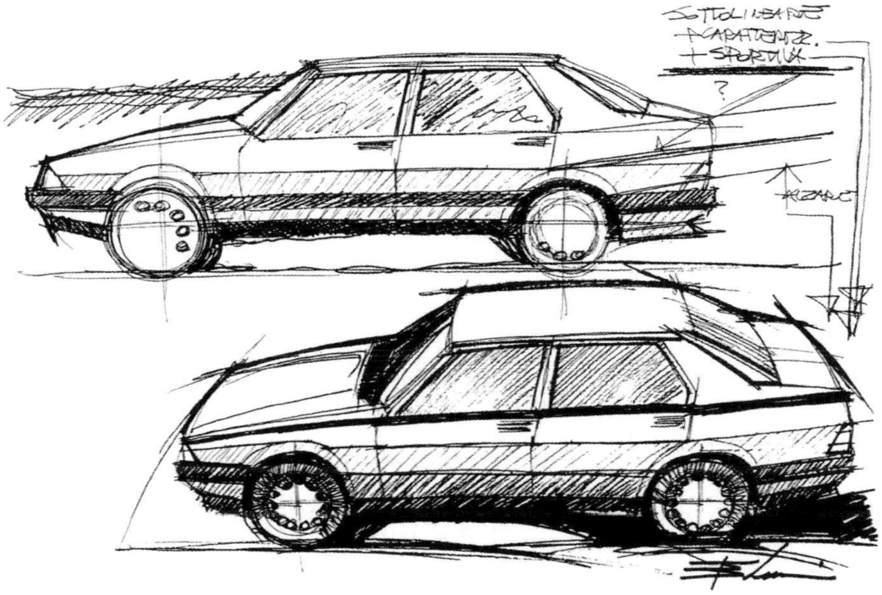

diesem Sinn schien uns die eines reflektierenden Verbindungsstreifens zwischen den beiden Rückleuchten-Gruppen. Dieser Verbindungsstreifen ist am untersten Rand des Kofferraumdeckels angebracht, um eine möglichst niedrige Ladekante zu erreichen. Hier ist in der Mitte die Kennzeichenbeleuchtung eingebaut.

Auch am Heck des Alfa 75 findet sich ein starrer Spoiler unter dem Stoßfänger als funktionelles Element der sportlichen Charakterisierung. Das technische sowie das stilistische Grundkonzept dieses Fahrzeugs basieren auf unserer Auffassung von einer Limousine, die zwar die Freude an sportlicher Fahrweise unterstreicht, aber auch deutlich vergleichbar ist mit den heute aufwändigsten Automobilen im Hinblick auf Komfort, Funktionalität und Vollständigkeit der Ausstattung – anders als bei einigen Limousinen, bei denen die Sportlichkeit zulasten der Harmonie des Gesamtkonzeptes geht.

Betrachten Sie diesen neuen Wagen im Detail, werden Sie das bestätigt finden. Praktisch haben wir das durch das saubere Design vieler Details und durch eine sehr zurückhaltende Verwendung von Farben bei den einzelnen Ausstattungselementen erreicht.

Nehmen wir etwa die Stoßfänger, die bis zu den Radkästen reichen, oder die Schutzleiste, die auf der Gürtellinie des Fahrzeugs verläuft: Dafür verwendeten wir die ‚Farbe' Dunkelgrau-Metallic. Diese Lösung unterstreicht die Linienführung der Seitenteile und der Fensterrahmen.

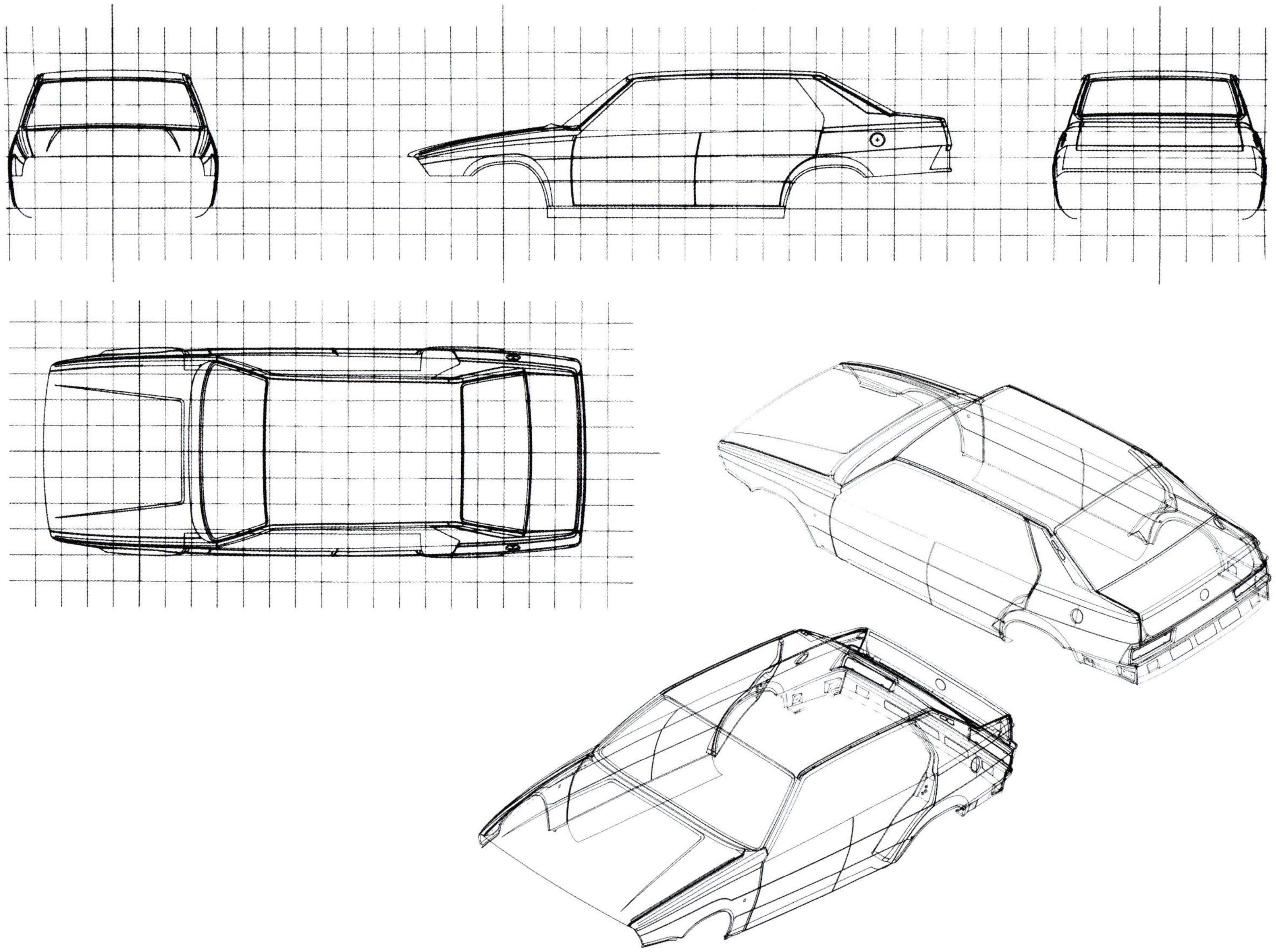

Ermanno Cressoni in seinem Büro im Centro Stile Alfa Romeo

Um den Luftwiderstand zu reduzieren, haben wir auch auf die Regenrinnen verzichtet. Die Heckscheibe wurde rahmenlos bündig in die Karosserie eingesetzt, außerdem haben wir absichtlich auf jede dekorative Chromleiste verzichtet.

Aber vielleicht noch ein Wort zur Innenausstattung. Hier wird sofort klar, dass nicht nur an Rationalität und Funktionalität der Hauptbedienungselemente gedacht wurde, sondern dass auch die sekundären Bedienungselemente, die Instrumente und die Kontrollleuchten optimale ergonomische Position erhalten haben.

Für das Armaturenbrett haben wir eine ganz funktionale Gestaltung gewählt. Die wichtigsten Informationsinstrumente liegen direkt im Blickfeld des Fahrers. Sie sind von zwei kleinen ‚Türmen' eingerahmt, die doppelte Funktion haben: Einerseits bringen sie dem Fahrer einige oft benutzte Bedienungselemente näher, andererseits schirmen sie die zentralen Instrumente vor seitlichen Lichtreflexen ab. Die nicht so häufig benötigten Informationselemente haben ihren Platz seitlich des Fahrers, in Richtung Armaturenbrettmitte. Für die sekundären Bedienungselemente haben wir den Platz oberhalb der Frontscheibe vorgezogen. Um dem Beifahrer maximalen Komfort zu geben, wurde das Armaturenbrett im Hinblick auf große Bewegungsfreiheit geformt.

Die außergewöhnliche Bequemlichkeit, die Gestaltung der Sitze, die reichhaltige Innenausstattung, die je nach Version des Alfa 75 unterschiedlich ausfällt, beweisen die Sorgfalt, mit der wir uns als Designer bemüht haben, den Komfort für alle Passagiere zu optimieren."

Dass die extreme Keilform, die durch die dunkelgrauen Zierleisten noch betont wird, nicht jedermanns Geschmack

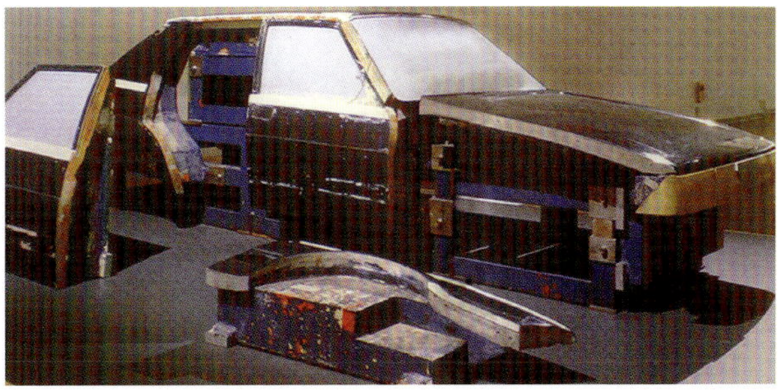

Prototypen, Erlkönige und Designstudien des Alfa 75 während der Entwicklungszeit

Rechts oben: Ein Holzmodell im Maßstab 1:1

traf, konnte man auch des Öfteren in Automagazinen lesen. Knapp 400.000 verkaufte Alfa 75 bewiesen jedoch das Gegenteil, denn der 75er wusste sehr wohl zu gefallen und hat noch heute eine große Fangemeinde auf der ganzen Welt.

Sein Luftwiderstandsbeiwert, kurz c_W-Wert genannt, betrug bei der ersten Serie 0,36 und reduzierte sich durch zahlreiche Detailänderungen beim Facelift 1988 auf 0,33. Der in der Praxis noch wichtigere Wert der Widerstandsfläche konnte mit dem Facelift von 0,65 m^2 um 4,5 Prozent auf sensationelle 0,62 m^2 gesenkt werden.

Diese ausgezeichneten Werte machten die Limousine im Zusammenwirken mit den weiteren Spitzenleistungen zum schnellsten Wagen der Welt in seiner Klasse. Erreicht wurde diese Verbesserung unter anderem durch neu gezeichnete Stoßfänger, Motorhaube, aerodynamisch ausgefeiltere Außenspiegel und einen in den Zierleisten integrierten Heckspoiler.

Oben: Einige Erstserienmodelle des Alfa 75 in verschiedenen Farben

Aus jedem Blickwinkel eine Augenweide für jeden Alfista. Oben ein Milano mit originalen 16-Zoll-Felgen vom Alfa SZ.

UNLEADED GASOLINE ONLY

Gesamtkunstwerk: Vom großen Ganzen bis ins Detail schufen die Designer einen aufregenden Entwurf aus einem Guss.

51
TG·66691
HD AR 575

AW QV 75

75 EVOLUZIONE

ZR-71-VG

3 Variationen des Themas

Eine kleine Auswahl aus dem vielfältigen 75er-Programm traf sich zum Fototermin vor dem Rathaus von Rechberghausen bei Göppingen. Von links: 2.0 Twinspark 1. Serie, 2.0 Twinspark 2. Serie Limited Edition, 2.5 V6 Milano Platino, 2.0 Twinspark 2. Serie, Alfa 75 1.8 Turbo Evoluzione.

3 Variationen des Themas

Der 75 war dank fortschrittlicher Technologie auf beeindruckende Weise ein weiteres Beispiel für die legendäre Alfa-Romeo-Perfektion. Traditionell waren hochentwickelte Motoren das Markenzeichen Alfas. Dazu kamen stets Temperament, Eleganz und Komfort. Auch der Alfa 75 transportierte stilsicher zukunftsweisende Qualität.

Nachfolgend sind alle wichtigen Modellversionen detailliert mit den wichtigsten Angaben zur Motorisierung aufgeführt. Über das Interieur, das Transaxle-Getriebe, die aufwändige Korrosionsschutzbehandlung und das Fahrwerk, das seinen Fahrern eine völlig neue Dimension anspruchsvollen Autofahrens eröffnete, wird anschließend berichtet, da sich die Modelle in diesen Punkten, bis auf wenige Ausnahmen, nur in Details unterscheiden. Nach einer Fahrt mit diesem Wagen versteht man jedenfalls nur allzu gut den Alfa Romeo-Werbeslogan „Fahren aus Leidenschaft".

Alle technischen Daten wurden von originalen Alfa-Pressemappen übernommen und unterscheiden sich daher teils von denen in den Verkaufsprospekten. Bei Modellen, die mit oder ohne Katalysator erhältlich waren, entsprechen die Leistungsdaten stets der Katalysatorversion „Europa".

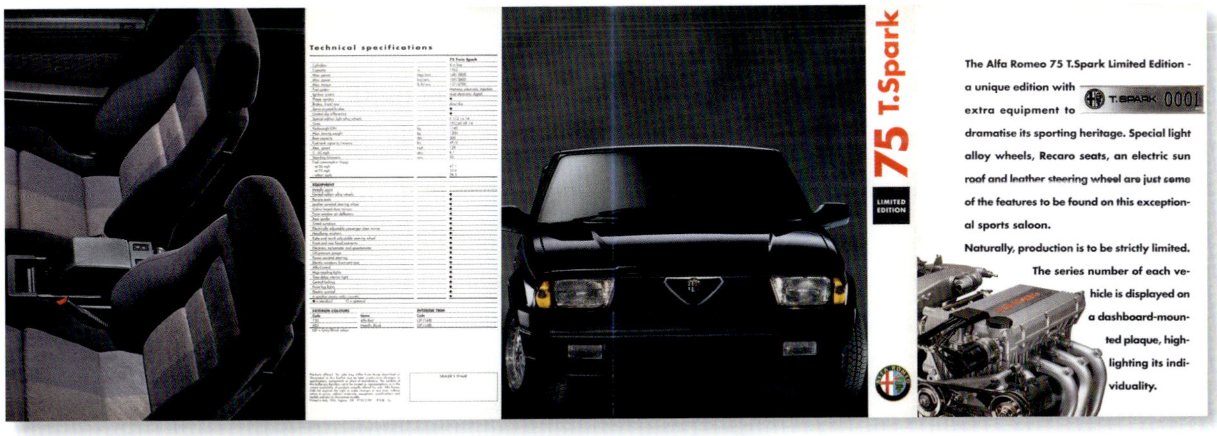

Mal auf Englisch: Als Traum in Schwarz präsentiert der Prospekt die Limited Edition. Mit ihr bot Alfa Romeo gegen Ende der Produktionszeit eine Sonderversion des Twinspark. Das Modell besticht unter anderem mit sportlichem Zubehör wie Recaro-Sitzen, Leichtmetallfelgen im SZ-Design und einem griffigeren Lederlenkrad.

Alfa Romeo 75 1.6 Vergaser

Der Alfa Romeo 75 1.6 mit zwei Doppelvergasern war die kleinste Version im Modellangebot des Alfa 75 und schon ab Verkaufsstart im Sommer 1985 lieferbar. Das 4-Zylinder-Triebwerk wurde von der Vorgängerin Giulietta übernommen und weist ausgesprochen gute Verbrauchswerte auf. Dafür sorgt die individuelle Gemischversorgung jedes einzelnen Zylinders durch zwei Doppelvergaser mit je zwei Drosselklappen, die optimale Füllung der Brennkammern garantiert.

Bei dieser Version gehörte ein Econometer, gedacht als Schaltanzeige für besonders wirtschaftliches Fahren, zur Standardausrüstung. Motorblock und Zylinderkopf sind aus einer Leichtmetalllegierung, die nassen Zylinderlaufbuchsen aus Grauguss werden direkt gekühlt und lassen sich einzeln ersetzen.

Zwei von einer Kette angetriebene obenliegende Nockenwellen steuern die V-förmig angeordneten Ventile im Zylinderkopf, wobei großdimensionierte Einlassventile für gute Füllung sorgen, während die natriumgefüllten Auslassventile mit einer besonders dauerhaften Beschichtung aus Stellit Überhitzung durch die Abgase verhindern. Die fünffach gelagerte Kurbelwelle ist aus nitriertem Stahl, und die kontaktlose elektronische Zündung regelt die Zündzeitpunktkorrektur automatisch.

Während diese „kleinmotorige“ Ausführung aus Steuergründen in Italien guten Absatz fand, wurden im übrigen Europa eher die hubraumstärkeren Schwester-Modelle verkauft. Aus diesem Grund war der Alfa 75 1.6 in vielen Ländern nur kurz oder gar nicht im Angebot. Vom 75er mit dem 1.6-Liter Motor wurden zusammen mit dem erst 1990 vorgestellten 1.6 I.E. total 127.296 Stück gebaut.

Im Herbst 1988 bekam der Alfa 75 1.6 wie alle übrigen Modelle ein umfangreiches Facelifting, das äußerlich vor allem am neuen Kühlergrill mit lackiertem Rahmen und einheitlich roten Rückleuchten zu erkennen war. Außerdem gab es viele weitere Modifikationen, etwa im Innenraum und bei der Schalldämmung. Technisch blieb jedoch alles beim Alten.

Technische Daten	1.6 Vergaser
Zylinderzahl	4
Zylinderanordnung	in Reihe vorne längs
Bohrung x Hub (mm)	78 x 82
Hubraum (cm³)	1556
Verdichtungsverhältnis	9 : 1
Max. Leistung (PS/kW) bei U/min	110/81 bei 6300
Max. Drehmoment (Nm) bei U/min	146 bei 4000
Steuerung	2 obenliegende Nockenwellen mit Kettenantrieb
Kraftstoffaufbereitung	2 Doppelvergaser mit mechanischer Treibstoffpumpe
Zündung	elektronische, kontaktlose Zündung
Batterieleistung (Ah)	50
Lichtmaschine (A)	55
Antrieb	auf die Hinterräder in Transaxle-Bauweise, dreifach gelagerte Kardanwelle mit Hardyscheiben
Übersetzung 1. Gang	2,875 : 1
Übersetzung 2. Gang	1,720 : 1
Übersetzung 3. Gang	1,226 : 1
Übersetzung 4. Gang	0,946 : 1
Übersetzung 5. Gang	0,780 : 1
Übersetzung R-Gang	3,000 : 1
Übersetzung Achsantrieb	4,550 : 1 (9/41)
Bereifung	185/70 TR 13
Lenkung	Zahnstangenlenkung
Felgen	5 1/2 J x 13
Wendekreisdurchmesser (m)	10,9
Lenkradumdrehungen	3,5
Vorderradaufhängung	Einzelradaufhängung mit Trapez-Dreiecksquerlenkern, Drehstabfedern, Teleskopstoßdämpfern und Querstabilisator
Hinterradaufhängung	DeDion-Achse mit Zugstreben, Wattgestänge, Schraubenfedern, Teleskopstoßdämpfern und Querstabilisator
Bremsscheiben vorne (mm)	250 (Stahl)
Bremsscheiben hinten (mm)	250 (Stahl)
Sitzplätze	5
Türenanzahl	4
Länge (mm)	4330
Breite (mm)	1630
Höhe (mm)	1400
Radstand (mm)	2510
Spurweite vorne (mm)	1368
Spurweite hinten (mm)	1358
Kofferrauminhalt (dm³)	500
Kraftstofftank (l)	49
Füllmenge Motorenöl (l) mit Filter	5,0
Füllmenge Kühlwasser (l)	8,0
Füllmenge Getriebeöl (l)	2,1
Leergewicht (kg)	1060
Gesamtgewicht (kg)	1485
Geschwindigkeit (km/h) bei 1000 U/min	30,6
Höchstgeschwindigkeit (km/h)	180
Beschleunigung (Sek) 0–100 km/h	10,7
Beschleunigung (Sek) 0–1000 m	32,5
Kraftstoffverbrauch (l/100km) bei 90 km/h	6,9
Kraftstoffverbrauch (l/100km) bei 120 km/h	9,4
Kraftstoffverbrauch (l/100km) im Stadtverkehr	11,8

Fahrgestellnummern Alfa Romeo 75 1.6 Vergaser

1985 ZAR 162B20*00001011 bis *00011560
1986 ZAZ 162B20*00011561 bis *00035500
1987 ZAR 162B20*00035501 bis *00052500
1988 ZAR 162B20*00052501 bis *00066699
1988 ZAR 162B20*06001001 bis *06010500

Gegen Ende des Jahres 1988 wurden die Fahrgestellnummern umgestellt. Alle Modellausführungen wurden mit fortlaufenden Nummern zusammengefasst.

Fahrgestellnummern Alfa Romeo 75 1.6 I.E. bis 3.0 QV

1988 ZAR 162B00*06100001 bis 06112700
1989 ZAR 162B00*06112701 bis 06180950
1990 ZAR 162B00*06180951 bis 06232500
1991 ZAR 162B00*06232501 bis 06255860
1992 ZAR 162B00*06255861 bis 06261500

Motorcodes Alfa Romeo 75 1.6 Vergaser

Bezeichnung	Motortyp	Produktion ab
Typ 162 B2A	06100	1985
Typ 162 B2B	06100	1988

Farben

Alfarot/Rosso Alfa
Holländisch Blau/Blu Olandese
Weiß Capodimonte/Bianco Capodimonte
Dunkelrot/Rosso Scuro
Silberweiß-Metallic/Bianco-Argento Metallizzato
Graugrün-Metallic/Grigio-Verde Metallizzato

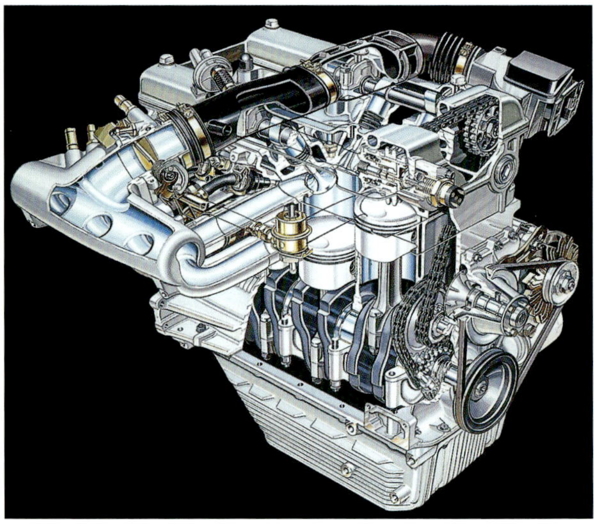

Alfa Romeo 75 1.6 I.E.

Ebenfalls zu den „Kleinen" gehört der 75 1.6 I.E. (I.E. steht für Iniezione Elettronica – elektronische Einspritzung). Der Einspritzer, der erst 1990 kurz vor Produktionsende auf den Markt kam, ist motortechnisch der Zwilling des Vergasermodells mit gleichem Hubraum.

Neu ist das elektronische Einspritzsystem von Bosch. Das Besondere an der Motronic ML 4.1 ist die gemeinsame Steuerung von Gemischaufbereitung und Zündung. Das heißt, dass im Gegensatz zur LE-Jetronic nur noch ein Steuergerät verantwortlich zeichnet für die optimale Dosierung der Treibstoffmenge und den richtigen Zündzeitpunkt. So macht das System den Motor elastischer und hilft Kraftstoff sparen.

Dass der 1.6 I.E. überhaupt noch auf den Markt kam, war den immer strengeren europäischen Abgasnormen zu verdanken, die das Vergaser-Pendent nicht mehr zu erfüllen vermochte. Deshalb sorgte beim I.E. in vielen Ländern ein geregelter Katalysator für einwandfreie Abgaswerte, die Leistung sank im Vergleich zur Vergaserausführung jedoch um 3 PS. Ansonsten entspricht der Motor dem älteren Vergaser-Aggregat.

Der größte Markt für diese Version des Alfa 75 war ebenfalls Italien, nur wenige fanden den Weg in weitere Länder wie Frankreich, Griechenland und Spanien. Von den insgesamt 127.296 gebauten Exemplaren mit 1,6 Litern Hubraum waren mit 27.977 Stück nur knapp 22 Prozent Einspritzer-Modelle. Da diese Version erst ab 1990 im Angebot stand, wurde der 1.6 I.E. nur in der gelifteten Form verkauft.

Technische Daten	1.6 I.E.
Zylinderzahl	4
Zylinderanordnung	in Reihe vorne längs
Bohrung x Hub (mm)	78 x 82
Hubraum (cm³)	1556
Verdichtungsverhältnis	9 : 1
Max. Leistung (PS/kW) bei U/min	107/79 bei 6000
Max. Drehmoment (Nm) bei U/min	137 bei 4000
Steuerung	2 obenliegende Nockenwellen mit Kettenantrieb
Kraftstoffaufbereitung	Motronic ML 4.1 (Bosch)
Zündung	Motronic ML 4.1 (Bosch) mit Einspritzung integriert
Batterieleistung (Ah)	50
Lichtmaschine (A)	55
Antrieb	auf die Hinterräder in Transaxle-Bauweise, dreifach gelagerte Kardanwelle mit Hardyscheiben
Übersetzung 1. Gang	2,875 : 1
Übersetzung 2. Gang	1,720 : 1
Übersetzung 3. Gang	1,226 : 1
Übersetzung 4. Gang	0,946 : 1
Übersetzung 5. Gang	0,780 : 1
Übersetzung R-Gang	3,000 : 1
Übersetzung Achsantrieb	4,550 : 1 (9/41)
Bereifung	185/70 TR 13
Lenkung	Zahnstangenlenkung
Felgen	5 1/2 J x 13
Wendekreisdurchmesser (m)	10,9
Lenkradumdrehungen	3,5
Vorderradaufhängung	Einzelradaufhängung mit Trapez-Dreiecksquerlenkern, Drehstabfedern, Teleskopstoßdämpfern und Querstabilisator
Hinterradaufhängung	DeDion-Achse mit Zugstreben, Wattgestänge, Schraubenfedern, Teleskopstoßdämpfern und Querstabilisator
Bremsscheiben vorne (mm)	250 (Stahl)
Bremsscheiben hinten (mm)	250 (Stahl)
Sitzplätze	5
Türenanzahl	4
Länge (mm)	4330
Breite (mm)	1630
Höhe (mm)	1400
Radstand (mm)	2510
Spurweite vorne (mm)	1368
Spurweite hinten (mm)	1358
Kofferrauminhalt (dm³)	500
Kraftstofftank (l)	49
Füllmenge Motorenöl (l) mit Filter	5,0
Füllmenge Kühlwasser (l)	8,0
Füllmenge Getriebeöl (l)	2,1
Leergewicht (kg)	1060
Gesamtgewicht (kg)	1485
Geschwindigkeit (km/h) bei 1000 U/min	30,6
Höchstgeschwindigkeit (km/h)	180
Beschleunigung (Sek) 0–100 km/h	11,3
Beschleunigung (Sek) 0–1000 m	33,0
Kraftstoffverbrauch (l/100km) bei 90 km/h	6,7
Kraftstoffverbrauch (l/100km) bei 120 km/h	8,9
Kraftstoffverbrauch (l/100km) im Stadtverkehr	10,0

Fahrgestellnummern Alfa Romeo 75 1.6 I.E.
Gegen Ende des Jahres 1988 wurden die Fahrgestellnummern umgestellt. Alle Modellausführungen wurden mit fortlaufenden Nummern zusammengefasst.

Fahrgestellnummern Alfa Romeo 75 1.6 I.E. bis 3.0 QV

1988	ZAR 162B00*06100001 bis 06112700
1989	ZAR 162B00*06112701 bis 06180950
1990	ZAR 162B00*06180951 bis 06232500
1991	ZAR 162B00*06232501 bis 06255860
1992	ZAR 162B00*06255861 bis 06261500

Motorcodes Alfa Romeo 75 1.6 I.E.

Bezeichnung	Motortyp	Produktion ab
Typ 162 B2A	06102	1989
Typ 162 B2E	61102	1990 (Kat.)

Farben
Alfarot/Rosso Alfa
Holländisch Blau/Blu Olandese
Hellblau-Metallic/Blu Chiaro Metallizzato
Dunkelblau-Metallic/Blu Scuro Metallizzato
Schwarz/Nero
Schwarz-Metallic/Nero Metallizzato
Polarweiß/Bianco Polare
Weiß Capodimonte/Bianco Capodimonte
Dunkelrot/Rosso Scuro
Silberweiß-Metallic/Bianco-Argento Metallizzato
Grau-Metallic/Grigio Metallizzato
Graugrün-Metallic/Grigio-Verde Metallizzato

Alfa Romeo 75 1.8 Vergaser

Diese Modellvariante entspricht, bis auf den größeren Hubraum, eins zu eins dem kleineren Vergaser-Bruder Alfa 75 1.6 und war ebenfalls ab Verkaufsstart im Sommer 1985 erhältlich. Der um 0,2 Liter vergrößerte Hubraum wurde sowohl durch eine veränderte Bohrung als auch durch einen verlängerten Hub erreicht. So wurden 10 PS gewonnen, ohne dass der geringfügig höhere Treibstoffverbrauch ins Gewicht fällt, zumal der Motor bei 120 km/h sogar weniger Sprit benötigte als der 1.6.

Die individuelle Gemischversorgung jedes einzelnen Zylinders durch zwei Doppelvergaser mit je zwei Drosselklappen stellt die optimale Füllung der Brennkammern sicher und sorgt auch beim 1.8 für gute Verbrauchswerte. Wie beim 1.6 mit Vergasern gehörte bei dieser Version ein Econometer als Schaltanzeige für besonders wirtschaftliches Fahren zur Serienausstattung.

Auch dieses Triebwerk wurde von der Giulietta übernommen. Motorblock und Zylinderkopf sind aus einer Leichtmetalllegierung, die nassen Zylinderlaufbuchsen aus Grauguss werden direkt gekühlt und lassen sich einzeln ersetzen. Zwei von einer Kette angetriebene oben liegende Nockenwellen steuern die V-förmig angeordneten Ventile im Zylinderkopf.

Große Einlassventile sorgen für gute Füllung, während die natriumgefüllten Auslassventile mit einer dauerhaften Beschichtung aus Stellit die Überhitzung durch die Abgase verhindern. Die fünffach gelagerte Kurbelwelle ist aus nitriertem Weichstahl, und die kontaktlose elektronische Zündung regelt die Zündzeitpunktkorrektur automatisch.

Alfa 75 mit diesem Aggregat fanden bereits besseren Absatz als der „kleine“ 1.6 und standen demzufolge in ganz Europa in den Verkaufshallen der Händler. Von allen Alfa Romeo 75 mit 1,8-Liter-Motoren wurden zusammen mit dem 1988 vorgestellten Nachfolger 1.8 I.E. und dem ab 1986 erhältlichen 1.8 Turbo bis 1992 insgesamt 97.445 Stück gebaut. Im Herbst 1988 gab es für den Alfa 75 1.8 wie für alle anderen 75er das umfangreiche Facelifting.

Technische Daten	1.8 Vergaser
Zylinderzahl	4
Zylinderanordnung	in Reihe vorne längs
Bohrung x Hub (mm)	80 x 88,5
Hubraum (cm³)	1779
Verdichtungsverhältnis	9 : 1
Max. Leistung (PS/kW) bei U/min	120/88 bei 5300
Max. Drehmoment (Nm) bei U/min	167 bei 4000
Steuerung	2 obenliegende Nockenwellen mit Kettenantrieb
Kraftstoffaufbereitung	2 Doppelvergaser mit mechanischer Treibstoffpumpe
Zündung	elektronische, kontaktlose Zündung
Batterieleistung (Ah)	55
Lichtmaschine (A)	65
Antrieb	auf die Hinterräder in Transaxle-Bauweise, dreifach gelagerte Kardanwelle mit Hardyscheiben
Übersetzung 1. Gang	2,875 : 1
Übersetzung 2. Gang	1,720 : 1
Übersetzung 3. Gang	1,226 : 1
Übersetzung 4. Gang	0,946 : 1
Übersetzung 5. Gang	0,780 : 1
Übersetzung R-Gang	3,000 : 1
Übersetzung Achsantrieb	4,300 : 1 (10/43)
Bereifung	185/70 HR 13
Lenkung	Zahnstangenlenkung
Felgen	5 1/2 J x 13
Wendekreisdurchmesser (m)	10,9
Lenkradumdrehungen	3,5
Vorderradaufhängung	Einzelradaufhängung mit Trapez-Dreiecksquerlenkern, Drehstabfedern, Teleskopstoßdämpfern und Querstabilisator
Hinterradaufhängung	DeDion-Achse mit Zugstreben, Wattgestänge, Schraubenfedern, Teleskopstoßdämpfern und Querstabilisator
Bremsscheiben vorne (mm)	250 (Stahl)
Bremsscheiben hinten (mm)	250 (Stahl)
Sitzplätze	5
Türenanzahl	4
Länge (mm)	4330
Breite (mm)	1630
Höhe (mm)	1400
Radstand (mm)	2510
Spurweite vorne (mm)	1368
Spurweite hinten (mm)	1358
Kofferrauminhalt (dm³)	500
Kraftstofftank (l)	49
Füllmenge Motorenöl (l) mit Filter	5,0
Füllmenge Kühlwasser (l)	8,0
Füllmenge Getriebeöl (l)	2,1
Leergewicht (kg)	1060
Gesamtgewicht (kg)	1485
Geschwindigkeit (km/h) bei 1000 U/min	32,4
Höchstgeschwindigkeit (km/h)	190
Beschleunigung (Sek) 0–100 km/h	9,5
Beschleunigung (Sek) 0–1000 m	30,5
Kraftstoffverbrauch (l/100km) bei 90 km/h	7,0
Kraftstoffverbrauch (l/100km) bei 120 km/h	9,2
Kraftstoffverbrauch (l/100km) im Stadtverkehr	12,2

Fahrgestellnummern Alfa Romeo 75 1.8 Vergaser

1985	ZAR 162B10*00001011 bis 00008680
1986	ZAR 162B10*00008681 bis 00021800
1987	ZAR 162B10*00021801 bis 00031800
1988	ZAR 162B10*00031801 bis 00041900
1988	ZAR 162B10*06001002 bis 06010499

Motorcodes Alfa Romeo 75 1.8 Vergaser

Bezeichnung	Motortyp	Produktion ab
Typ 162 B1A	06202	1985
Typ 162 B2B	06202	1988

Farben

Alfarot/Rosso Alfa
Holländisch Blau/Blu Olandese
Weiß Capodimonte/Bianco Capodimonte
Dunkelrot/Rosso Scuro
Silberweiß-Metallic/Bianco-Argento Metallizzato
Graugrün-Metallic/Grigio-Verde Metallizzato

Alfa Romeo 75 1.8 I.E.

Parallel zum Vergasermodell wurde der 75 1.8 ab 1988 schon als Einspritzer, ebenfalls mit einer Bosch-Motronic, jedoch einer ML 3.3, angeboten. 1989 wurde er aber schon wieder durch ein weiteres Einspritzermodell mit neuem Baureihencode und neuer Motornummer ersetzt. Außerhalb der Länder, in denen ab 1990 alle 75 mit geregeltem Katalysator angeboten wurden, lief das 1.8 I.E. Modell ohne Katalysator bis 1991 weiter, während die „Europa-Version" mit geregeltem Katalysator und der Motronic ML 4.1 bis 1992 im Programm blieb.

Seine Qualitäten bewies der 1,8-Liter-Einspritzer auch im Treibstoffverbrauch, der erheblich geringer als der des Vergasermodells war. Zum Ausverkauf des 75 1.8 I.E. brachte Alfa Romeo das Sondermodell 1.8 Indy. Damit spielte Alfa Romeo auf den Einstieg als Motorenlieferant bei March in der amerikanischen Cart-Meisterschaft an. Der Indy bot einige sportliche Extras wie Sportsitze und Leichtmetallfelgen.

Motorblock und Zylinderkopf sind weitgehend identisch mit denen des Vergasermodells. Wie der Twin Spark verfügt auch dieser Motor über einen elektrohydraulischen Phasenwandler, der die Steuerzeiten der Einlassventile last- und drehzahlabhängig zugunsten besserer Zylinderfüllung, Verbrennung und somit mehr Leistung optimiert.

Der 1.8 I.E. fand in ganz Europa Absatz. Die Katalysatorausführung war vor allem für den deutschen, den österreichischen, den schwedischen und den schweizerischen Markt gedacht. Diese erst ab 1988 erhältliche Version wurde so auch nur in der gelifteten Form verkauft. Zusammen mit den übrigen 1,8-Liter-Modellen wurden 97.445 Stück gebaut.

Technische Daten	1.8 I.E.
Zylinderzahl	4
Zylinderanordnung	in Reihe vorne längs
Bohrung x Hub (mm)	80 x 88,5
Hubraum (cm³)	1779
Verdichtungsverhältnis	9 : 1
Max. Leistung (PS/kW) bei U/min	122/89 bei 5500
Max. Drehmoment (Nm) bei U/min	157 bei 4000
Steuerung	2 obenliegende Nockenwellen mit Kettenantrieb
Kraftstoffaufbereitung	Motronic ML 3.3 & 4.1 (Bosch)
Zündung	Motronic ML 3.3 & 4.1 (Bosch) mit Einspritzung integriert
Batterieleistung (Ah)	55
Lichtmaschine (A)	65
Antrieb	auf die Hinterräder in Transaxle-Bauweise, dreifach gelagerte Kardanwelle mit Hardyscheiben
Übersetzung 1. Gang	2,875 : 1
Übersetzung 2. Gang	1,720 : 1
Übersetzung 3. Gang	1,226 : 1
Übersetzung 4. Gang	0,946 : 1
Übersetzung 5. Gang	0,780 : 1
Übersetzung R-Gang	3,000 : 1
Übersetzung Achsantrieb	4,300 : 1 (10/43)
Bereifung	185/70 HR 13
Lenkung	Zahnstangenlenkung
Felgen	5 1/2 J x 13
Wendekreisdurchmesser (m)	10,1
Lenkradumdrehungen	3,5
Vorderradaufhängung	Einzelradaufhängung mit Trapez-Dreiecksquerlenkern, Drehstabfedern, Teleskopstoßdämpfern und Querstabilisator
Hinterradaufhängung	DeDion-Achse mit Zugstreben, Wattgestänge, Schraubenfedern, Teleskopstoßdämpfern und Querstabilisator
Bremsscheiben vorne (mm)	250 (Stahl)
Bremsscheiben hinten (mm)	250 (Stahl)
Sitzplätze	5
Türenanzahl	4
Länge (mm)	4330
Breite (mm)	1630
Höhe (mm)	1400
Radstand (mm)	2510
Spurweite vorne (mm)	1368
Spurweite hinten (mm)	1358
Kofferrauminhalt (dm³)	500
Kraftstofftank (l)	49
Füllmenge Motorenöl (l) mit Filter	5,0
Füllmenge Kühlwasser (l)	8,0
Füllmenge Getriebeöl (l)	2,1
Leergewicht (kg)	1100
Gesamtgewicht (kg)	1485
Geschwindigkeit (km/h) bei 1000 U/min	32,4
Höchstgeschwindigkeit (km/h)	190
Beschleunigung (Sek) 0–100 km/h	10,4
Beschleunigung (Sek) 0–1000 m	31,9
Kraftstoffverbrauch (l/100km) bei 90 km/h	6,9
Kraftstoffverbrauch (l/100km) bei 120 km/h	8,9
Kraftstoffverbrauch (l/100km) im Stadtverkehr	10,5

Fahrgestellnummern Alfa 75 1.6 I.E. bis 3.0 QV

1988	ZAR 162B00*06100001 bis 06112700
1989	ZAR 162B00*06112701 bis 06180950
1990	ZAR 162B00*06180951 bis 06232500
1991	ZAR 162B00*06232501 bis 06255860
1992	ZAR 162B00*06255861 bis 06261500

Gegen Ende des Jahres 1988 wurden die Fahrgestellnummern umgestellt. Alle Modellausführungen wurden mit fortlaufenden Nummern zusammengefasst.

Motorcodes Alfa Romeo 75 1.8 I.E.

Bezeichnung	Motortyp	Produktion ab
Typ 162 B1F	06168	1988
Typ 162 B1H	61201	1989
Typ 162 B2L	61202	1989

Farben

Alfarot/Rosso Alfa
Holländisch Blau/Blu Olandese
Hellblau-Metallic/Blu Chiaro Metallizzato
Dunkelblau-Metallic/Blu Scuro Metallizzato
Schwarz/Nero
Schwarz-Metallic/Nero Metallizzato
Polarweiß/Bianco Polare
Weiß Capodimonte/Bianco Capodimonte
Dunkelrot/Rosso Scuro
Silberweiß-Metallic/Bianco-Argento Metallizzato
Grau-Metallic/Grigio Metallizzato
Graugrün-Metallic/Grigio-Verde Metallizzato

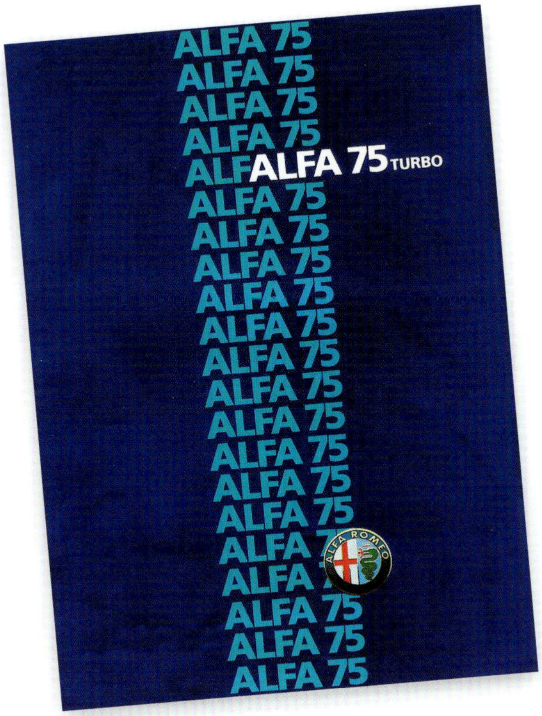

Alfa Romeo 75 1.8 I.E. Turbo, Turbo America, Turbo QV

1986 kam der 75 Turbo Intercooler auf den Markt. Alfa Romeo folgte dem Trend der Zeit und nutzte die Erfahrungen, die mit den Turbodelta- und Rennsportmodellen gesammelt wurden. Der altbekannte Doppelnockenwellenmotor mit nassen Laufbuchsen wurde total modifiziert und speziell für den Turbobetrieb weiterentwickelt, um ihm ab 3000/min ein faszinierendes Beschleunigungsverhalten entlocken zu können.

Eine Bosch LE2-Jetronic mit Schubabschaltung zur Verbrauchsminderung und eine digitale Marelli-Kennfeldzündung mit Antiklopfregelung steuern die exakte Kraftstoffversorgung und den optimalen Zündzeitpunkt des Boliden, während ein wassergekühlter Garett-T3-Turbolader (0,75 bar Ladedruck) zusammen mit einem Ladeluftkühler (Intercooler) für die Mehrleistung verantwortlich zeichnen. Zudem wurden beim Turbo ein separater Ölkühler und Auslassventile mit Chlor-Natron-Füllung für mehr Zuverlässigkeit und längere Lebensdauer des Triebwerks eingebaut.

Mit dem Turbomotor sollte einerseits die hohe Hubraumbesteuerung in Italien umgangen und andererseits ein Homologationsfahrzeug für die Rennserie Gruppe A geschaffen werden. Außerdem bot sich der 75 Turbo besonders für den sportlichen Einsatz an. Optisch war er an den leicht verbreiterten Kunststoff-Radläufen, breiteren Alufelgen und den Stoßstangen in Wagenfarbe zu erkennen. Ausrüstung und Ausstattung entsprachen dem 2.5 QV, der bereits seit 1985 im Angebot stand.

Ab 1987 wurde der 75 Turbo in einigen Ländern als „Turbo America“ mit der Ausstattung der großen 3-Liter-Version zum alten Preis angeboten, um den Verkauf zu beleben. Technisch änderte sich jedoch nichts. Im Herbst 1988 wurde auch der 75 Turbo America geliftet.

Zum Ausverkauf des Alfa 75 wurde der Turbo 1990 in einer limitierten Auflage als Turbo QV mit leicht gesteigerter Leistung (165 PS) angeboten. Die Ausstattung umfasste Spiegel in Wagenfarbe, Nebelscheinwerfer, Recaro-Sitze, Leichtmetallfelgen im SZ-Design und eine Plakette am Armaturenbrett mit der laufenden Nummer.

Die Nachfolgermodelle der ersten 75 Turbo-Serie, also Turbo America und Turbo QV, kamen jedoch in vielen Ländern gar nicht auf den Markt, da sie ohne Katalysator die strengen Abgasnormen nicht zu erfüllen vermochten. Von den 1,8-Liter-Turbo-Modellen wurden insgesamt 13.541 Stück produziert.

Technische Daten	1.8 I.E. Turbo
Zylinderzahl	4
Zylinderanordnung	in Reihe vorne längs
Bohrung x Hub (mm)	80 x 88,5
Hubraum (cm³)	1779
Verdichtungsverhältnis	7,5 : 1
Max. Leistung (PS/kW) bei U/min	155 (165 T. QV)/114 bei 5700
Max. Drehmoment (Nm) bei U/min	226 bei 2600
Steuerung	2 obenliegende Nockenwellen mit Kettenantrieb
Kraftstoffaufbereitung	LE2-Jetronic (Bosch) Turbolader Garett T3, max. Ladedruck 1,7 Bar, Ladeluftkühler
Zündung	elektronische Zündung (Bosch)
Batterieleistung (Ah)	55
Lichtmaschine (A)	65
Antrieb	auf die Hinterräder in Transaxle-Bauweise, dreifach gelagerte Kardanwelle mit Hardyscheiben
Übersetzung 1. Gang	2,875 : 1
Übersetzung 2. Gang	1,720 : 1
Übersetzung 3. Gang	1,226 : 1
Übersetzung 4. Gang	0,946 : 1
Übersetzung 5. Gang	0,780 : 1
Übersetzung R-Gang	3,000 : 1
Übersetzung Achsantrieb	3,909 : 1 (11/43) 25% selbstsperrend
Bereifung	195/60 VR 14
Lenkung	Zahnstangenlenkung
Felgen	6 J x 14
Wendekreisdurchmesser (m)	11,5
Lenkradumdrehungen	3,5
Vorderradaufhängung	Einzelradaufhängung mit Trapez-Dreiecksquerlenkern, Drehstab-federn, Teleskopstoßdämpfern und Querstabilisator
Hinterradaufhängung	DeDion-Achse mit Zugstreben, Wattgestänge, Schraubenfedern, Teleskopstoßdämpfern und Quer-stabilisator
Bremsscheiben vorne (mm)	265 (Stahl, innenbelüftet)
Bremsscheiben hinten (mm)	250 (Stahl)
Sitzplätze	5
Türenanzahl	4
Länge (mm)	4330
Breite (mm)	1630
Höhe (mm)	1400
Radstand (mm)	2510
Spurweite vorne (mm)	1395
Spurweite hinten (mm)	1380
Kofferrauminhalt (dm³)	500
Kraftstofftank (l)	49
Füllmenge Motorenöl (l) mit Filter	5,0
Füllmenge Kühlwasser (l)	8,0
Füllmenge Getriebeöl (l)	2,1
Leergewicht (kg)	1100 (1180 T. America & T. QV)
Gesamtgewicht (kg)	1485
Geschwindigkeit (km/h) bei 1000 U/min	35,7
Höchstgeschwindigkeit (km/h)	210
Beschleunigung (Sek) 0–100 km/h	7,6
Beschleunigung (Sek) 0–1000 m	28,5
Kraftstoffverbrauch (l/100km) bei 90 km/h	7,0
Verbrauch (l/100km) bei 120 km/h	9,0
Verbrauch (l/100km) im Stadtverkehr	9,7

Fahrgestellnummern Alfa Romeo 75 1.8 I.E. Turbo/ Turbo America/Turbo QV

1986 ZAR 162B10*00050011 bis 00054249
1987 ZAR 162B10*00054250 bis 00055800
1987 ZAR 162B10*00060011 bis 00061600 (Turbo America)
1988 ZAR 162B10*00061601 bis 00063300 (Turbo America)

Gegen Ende des Jahres 1988 wurden die Fahrgestellnummern umgestellt. Alle Modellausführungen wurden mit fortlaufenden Nummern zusammengefasst.

Fahrgestellnummern Alfa Romeo 75 1.6 I.E. bis 3.0 QV

1988 ZAR 162B00*06100001 bis 06112700
1989 ZAR 162B00*06112701 bis 06180950
1990 ZAR 162B00*06180951 bis 06232500
1991 ZAR 162B00*06232501 bis 06255860
1992 ZAR 162B00*06255861 bis 06261500

Motorcodes Alfa Romeo 75 1.8 I.E. Turbo/Turbo America/Turbo QV

Bezeichnung	Motortyp	Produktion ab
Typ 162 B1C	06134	1986
Typ 162 B1D	06134	1987 (T. America)
Typ 162 B1G	06134	1988 (T. America)
Typ 162 B1M	61203	1990 (Turbo QV)

Farben

Alfarot/Rosso Alfa
Silberweiß-Metallic/Bianco-Argento Metallizzato
Schwarz/Nero (Turbo America und Turbo QV)

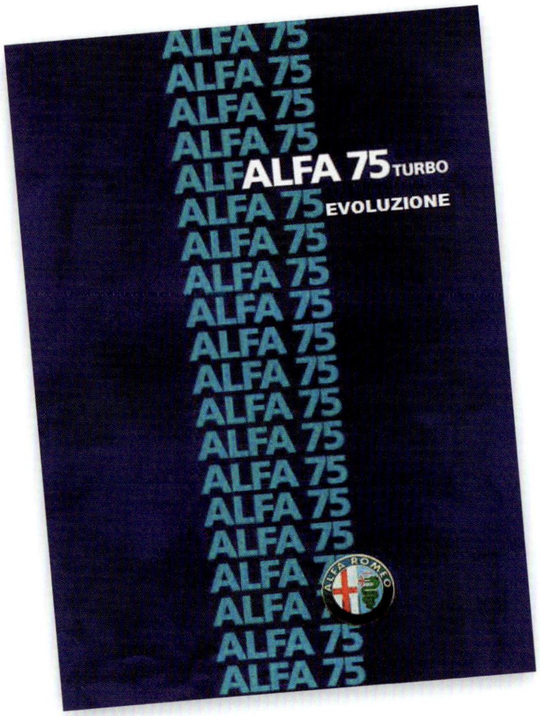

Alfa Romeo 75 1.8 I.E. Turbo Evoluzione

Um in der neugeschaffenen Tourenwagen-WM mitzufahren, entwickelte Alfa Romeo 1987 den Alfa 75 1.8 Turbo Evoluzione. Da man mit dem Bau von zusätzlichen 500 Exemplaren die Möglichkeit hatte, die Ausgangsbasis, den 75 Turbo, für den Renneinsatz zu optimieren, hat Alfa Romeo für die Homologation in der Gruppe A dieses Gesetz voll genutzt und die dafür nötige Stückzahl der Spezialversion auf den Markt gebracht.

Zur Klassifizierung in der Gruppe A (Saugmotoren bis 3 Liter Hubraum) wurde bei Turbomotoren mit Faktor 1,7 gerechnet. Um die Grenze von 3000 cm³ nicht zu überschreiten, musste die Bohrung um 0,4 mm reduziert werden, somit ergab das rechnerisch einen Hubraum von 2995,4 cm³. Mit der serienmäßigen Bohrung hätte der Evo um 24 cm³ über der Dreiliter-Grenze gelegen.

Während die Straßenversion des ausschließlich in rot erhältlichen Evoluzione die gleiche Motorleistung (155 PS) wie der normale Turbo hatte, verfügte die Rennversion über einen Vierzylindermotor mit verstärktem Block, Zylinderkopf und Hauptlagern. Ein durchsatzfreudigerer Auspuffkrümmer mit zweiteiligem Abgang sowie ein überarbeiteter Turbolader von KKK und ein modifizierter Ladeluftkühler sorgten für einen deutlichen Leistungsschub. So leistete die Rennversion je nach Ausführung und Motormanagement 280 bis 450 PS.

Stärker dimensionierte Radnaben an der Vorderachse sowie ein doppeltes Wattgestänge an der DeDion-Hinterachse gaben den Rennteams mehr Abstimmungsmöglichkeiten. Ebenfalls optimiert wurde die Karosserie, die bei Renn- und Straßenversionen identisch war. Aerodynamische Anbauteile wie größere Spoiler an Front und Heck sowie Schweller und Kotflügelverbreiterungen aus superleichtem GFK und spezielle Luftleitbleche reduzierten den c_W-Wert von 0,35 auf 0,33.

Der Evoluzione war der erste 75er mit kleinem Heckspoiler in der Zierleiste, der später in die Serienfertigung aller Alfa 75 übernommen wurde. Das Kühlergitter war ab Werk rot statt grau lackiert, und auffallende Aufkleber „75 Turbo Evoluzione“ an den Seiten sorgten für Aufsehen.

Die erweiterten Radhäuser schufen Platz für Räder der Größe 10x16 Zoll, wobei die Straßenausführung mit rot lackierten 15 Zoll großen Campagnolo-Felgen anstelle der üblichen 14-Zöller ausgerüstet wurde. Das Fahrwerk hatte straffere Federn und stärkere Stoßdämpfer sowie einen um 6,5 mm dickeren hinteren Stabilisator (27,5 mm).

Die ersten Evoluzione wurden natürlich vom Alfa-Werksteam für Tourenwagen-Rennen in der Gruppe A eingesetzt. Man schätzt, dass von den insgesamt 500 gebauten Evoluzione 100 bis 200 Exemplare vom Werk und von Privatteams für den Rennsport präpariert und eingesetzt wurden. Genaue Zahlen sind unbekannt, aber aus abgasgesetzlichen Gründen verkauften sich die restlichen Straßen-Exemplare nur schleppend, da es diese Version nie mit Katalysator gab und sie demzufolge in einigen europäischen Ländern gar nicht auf den Markt kam.

Technische Daten	1.8 I.E. Turbo Evoluzione
Zylinderzahl	4
Zylinderanordnung	in Reihe vorne längs
Bohrung x Hub (mm)	79,6 x 88,5
Hubraum (cm³)	1762
Verdichtungsverhältnis	7,5 : 1
Max. Leistung (PS/kW) bei U/min	155/114 bei 5700
Max. Drehmoment (Nm) bei U/min	226 bei 2600
Steuerung	2 obenliegende Nockenwellen mit Kettenantrieb
Kraftstoffaufbereitung	LE2-Jetronic (Bosch) Turbolader Garett T3 (Rennversion KKK), max. Ladedruck 1,7 Bar, Ladeluftkühler
Zündung	elektronische Zündung (Bosch)
Batterieleistung (Ah)	55
Lichtmaschine (A)	65
Antrieb	auf die Hinterräder in Transaxle-Bauweise, dreifach gelagerte Kardanwelle mit Hardyscheiben
Übersetzung 1. Gang	2,875 : 1
Übersetzung 2. Gang	1,720 : 1
Übersetzung 3. Gang	1,226 : 1
Übersetzung 4. Gang	0,946 : 1
Übersetzung 5. Gang	0,780 : 1
Übersetzung R-Gang	3,000 : 1
Übersetzung Achsantrieb	3,909 : 1 (11/43) 25% selbstsperrend
Bereifung	205/50 VR 15
Lenkung	Zahnstangenlenkung
Felgen	6 J x 15
Wendekreisdurchmesser (m)	10,1
Lenkradumdrehungen	3,5
Vorderradaufhängung	Einzelradaufhängung mit Trapez-Dreiecksquerlenkern, Drehstabfedern, Teleskopstoßdämpfern und Querstabilisator
Hinterradaufhängung	DeDion-Achse mit Zugstreben, Wattgestänge, Schraubenfedern, Teleskopstoßdämpfern und Querstabilisator
Bremsscheiben vorne (mm)	265 (Stahl, innenbelüftet)
Bremsscheiben hinten (mm)	250 (Stahl)
Sitzplätze	5
Türenanzahl	4
Länge (mm)	4360
Breite (mm)	1660
Höhe (mm)	1400
Radstand (mm)	2510
Spurweite vorne (mm)	1395
Spurweite hinten (mm)	1380
Kofferrauminhalt (dm³)	500
Kraftstofftank (l)	49
Füllmenge Motorenöl (l) mit Filter	5,0
Füllmenge Kühlwasser (l)	8,0
Füllmenge Getriebeöl (l)	2,1
Leergewicht (kg)	1150
Gesamtgewicht (kg)	1485
Geschwindigkeit (km/h) bei 1000 U/min	35,7
Höchstgeschwindigkeit (km/h)	210
Beschleunigung (Sek) 0–100 km/h	7,6
Beschleunigung (Sek) 0–1000 m	28,5
Kraftstoffverbrauch (l/100km) bei 90 km/h	7,0
Verbrauch (l/100km) bei 120 km/h	9,0
Verbrauch (l/100km) im Stadtverkehr	9,7

Fahrgestellnummern Alfa Romeo 75 1.8 I.E. Turbo Evoluzione

1987 ZAR 162B10*00059001 bis 00059510

Motorcodes Alfa Romeo 75 1.8 I.E. Turbo Evoluzione

Bezeichnung	Motortyp	Produktion
Typ 162 B1E	06158	1987

Farben

Alfarot/Rosso Alfa

Ein Traum in Rot; einer der wenigen Turbo Evoluzione im Originalzustand.

Oben: Die Ladedruckanzeige bis 2,5 bar hat der Fahrer gut im Blick, ebenso wie die nicht minder wichtigen Anzeigen von Tankfüllung, Öldruck und Wassertemperatur.

Unten links: Der Evoluzione hatte dieselben sportlichen Sitze mit dunklen Ledereinsätzen wie der normale Turbo.

Alfa Romeo 75 2.0 Vergaser

Wie die 1,6 und 1,8 Liter großen Reihenmotoren war auch der Zweiliter mit Vergasern schon in den Vorgänger-Baureihen eingesetzt worden. Dank seiner Zuverlässigkeit wurde er nun beinahe unverändert von der Giulietta übernommen und ebenfalls ab Produktionsbeginn des Alfa 75 eingebaut.

Von außen und von der Konzeption her ist der Motor kaum von seinen kleinen Zwillingsbrüdern 1.6 und 1.8 zu unterscheiden. Die inneren Werte sprechen für sich. So leistet dieses Aggregat immerhin 128 PS.

Nachdem sein moderner Nachfolger, der Alfa 75 2.0 Twin Spark, 1987 lanciert wurde, ließ man den mittlerweile veralteten Zweiliter mit Vergasern auslaufen, so dass die letzten Exemplare 1988, noch vor dem Facelifting, das Werk verließen.

Von den Modellen mit Zweiliter-Benzinmotor wurden 16.971 Stück gebaut. Inklusive der Twin-Spark-Modelle beträgt die Gesamtzahl an Zweilitern sogar 93.595.

Technische Daten	2.0 Turbodiesel
Zylinderzahl	4
Zylinderanordnung	in Reihe vorne längs
Bohrung x Hub (mm)	88 x 82
Hubraum (cm³)	1995
Verdichtungsverhältnis	22 : 1
Max. Leistung (PS/kW) bei U/min	95/70 bei 4300
Max. Drehmoment (Nm) bei U/min	192 bei 2300
Steuerung	1 Nockenwelle im Motorblock mit Zahnradantrieb
Kraftstoffaufbereitung	Indirekt durch Drehkolbenpumpe, KKK-Turbolader und Ladeluftkühler
Zündung	Selbstzündung
Batterieleistung (Ah)	77
Lichtmaschine (A)	70
Antrieb	auf die Hinterräder in Transaxle-Bauweise, dreifach gelagerte Kardanwelle mit Hardyscheiben
Übersetzung 1. Gang	3,500 : 1
Übersetzung 2. Gang	1,956 : 1
Übersetzung 3. Gang	1,258 : 1
Übersetzung 4. Gang	0,946 : 1
Übersetzung 5. Gang	0,780 : 1
Übersetzung R-Gang	3,000 : 1
Übersetzung Achsantrieb	3,545 : 1 (11/39)
Bereifung	185/70 TR 13
Lenkung	Zahnstangenlenkung
Felgen	5 1/2 J x 13
Wendekreisdurchmesser (m)	10,1
Lenkradumdrehungen	3,2
Vorderradaufhängung	Einzelradaufhängung mit Trapez-Dreiecksquerlenkern, Drehstab-federn, Teleskopstoßdämpfern und Querstabilisator
Hinterradaufhängung	DeDion-Achse mit Zugstreben, Wattgestänge, Schraubenfedern, Teleskopstoßdämpfern und Quer-stabilisator
Bremsscheiben vorne (mm)	250 (Stahl)
Bremsscheiben hinten (mm)	250 (Stahl)
Sitzplätze	5
Türenanzahl	4
Länge (mm)	4330
Breite (mm)	1630
Höhe (mm)	1400
Radstand (mm)	2510
Spurweite vorne (mm)	1368
Spurweite hinten (mm)	1358
Kofferrauminhalt (dm³)	500
Kraftstofftank (l)	49
Füllmenge Motorenöl (l) mit Filter	6,0
Füllmenge Kühlwasser (l)	10,0
Füllmenge Getriebeöl (l)	2,1
Leergewicht (kg)	1190
Gesamtgewicht (kg)	1615
Geschwindigkeit (km/h) bei 1000 U/min	39,3
Höchstgeschwindigkeit (km/h)	175
Beschleunigung (Sek) 0–100 km/h	12,4
Beschleunigung (Sek) 0–1000 m	34,5
Kraftstoffverbrauch (l/100km) bei 90 km/h	5,5
Kraftstoffverbrauch (l/100km) bei 120 km/h	7,9
Kraftstoffverbrauch (l/100km) im Stadtverkehr	9,0

Fahrgestellnummern Alfa Romeo 75 2.0 Turbodiesel

1985	ZAR 162B00*00001011 bis 00008200
1986	ZAR 162B00*00008201 bis 00017600
1987	ZAR 162B00*00017601 bis 00029200
1988	ZAR 162B00*00029201 bis 00037200
1988	ZAR 162B00*06001003 bis 06010498

Gegen Ende des Jahres 1988 wurden die Fahrgestellnummern umgestellt. Alle Modellausführungen wurden mit fortlaufenden Nummern zusammengefasst.

Fahrgestellnummern Alfa 75 1.6 I.E. bis 3.0 QV

1988	ZAR 162B00*06100001 bis 06112700
1989	ZAR 162B00*06112701 bis 06180950
1990	ZAR 162B00*06180951 bis 06232500
1991	ZAR 162B00*06232501 bis 06255860
1992	ZAR 162B00*06255861 bis 06261500

Motorcodes Alfa Romeo 75 2.0 Turbodiesel

Bezeichnung	Motortyp	Produktion ab
Typ 162 BD	VM80A	1985
Typ 162 BG	VM80A	1988

Farben

Alfarot/Rosso Alfa
Holländisch Blau/Blu Olandese
Weiß Capodimonte/Bianco Capodimonte
Dunkelrot/Rosso Scuro
Silberweiß-Metallic/Bianco-Argento Metallizzato
Graugrün-Metallic/Grigio-Verde Metallizzato

Alfa Romeo 75 2.4 Turbodiesel

Ab 1988 findet auch der schon von Alfetta und Alfa 90 her bekannte 2,4-Liter-Turbodiesel im Alfa 75 Verwendung. Für den größeren Hubraum wurden der Gussblock aufgebohrt und der Hub vergrößert. Die Leistung wuchs dadurch um 25 auf ausgezeichnete 120 PS. Das höchste Drehmoment von knapp 236 Nm steht bereits bei 2400/min zur Verfügung.

Ansonsten entspricht der große Bruder des 2.0 TD weitgehend seinem kleineren Pendant. Er ist wassergekühlt, hat vier Zylinder in Reihe sowie je einen Leichtmetallzylinderkopf pro Brennraum und eine indirekte mechanische Einspritzung mit Drehkolbenpumpe. Auch er besaß einen KKK-Turbolader mit Ladeluft- und eigenem Ölkühler sowie eine verstärkte Kurbelwelle.

Die Höchstgeschwindigkeit betrug beim 2.4 TD sogar 185 km/h, und der Kilometer mit stehendem Start gelang in nur 33,2 Sekunden – ungewöhnlich gute Werte in jener Zeit. Wie die Zweiliter-Variante verkaufte sich aufgrund der günstigen Dieselpreise auch der 2.4 TD vorwiegend in Italien und Spanien sehr gut, stand jedoch in vielen anderen europäischen Ländern gar nicht im Angebot.

Insgesamt wurden vom Alfa 75 2.4 Turbodiesel zwischen 1988 und 1992 nur 6083 Stück gebaut. Da er erst 1988 präsentiert wurde, kam er bereits in geliftteter Form auf den Markt, Optik und Ausstattung waren bis auf die zusätzlichen Geräuschdämmungen identisch mit den Benzinern seines Jahrgangs.

Technische Daten	2.4 Turbodiesel
Zylinderzahl	4
Zylinderanordnung	in Reihe vorne längs
Bohrung x Hub (mm)	92 x 90
Hubraum (cm³)	2393
Verdichtungsverhältnis	22 : 1
Max. Leistung (PS/kW) bei U/min	120/88 bei 4200
Max. Drehmoment (Nm) bei U/min	235,4 bei 2400
Steuerung	1 Nockenwelle im Motorblock mit Zahnradantrieb
Kraftstoffaufbereitung	Indirekt durch Drehkolbenpumpe, KKK-Turbolader und Ladeluftkühler
Zündung	Selbstzündung
Batterieleistung (Ah)	80
Lichtmaschine (A)	70
Antrieb	auf die Hinterräder in Transaxle-Bauweise, dreifach gelagerte Kardanwelle mit Hardyscheiben
Übersetzung 1. Gang	3,500 : 1
Übersetzung 2. Gang	1,956 : 1
Übersetzung 3. Gang	1,258 : 1
Übersetzung 4. Gang	0,946 : 1
Übersetzung 5. Gang	0,780 : 1
Übersetzung R-Gang	3,000 : 1
Übersetzung Achsantrieb	3,077 : 1 (13/40)
Bereifung	195/60 VR 14
Lenkung	Zahnstangenlenkung
Felgen	6 J x 14
Wendekreisdurchmesser (m)	10,1
Lenkradumdrehungen	3,2
Vorderradaufhängung	Einzelradaufhängung mit Trapez-Dreiecksquerlenkern, Drehstabfedern, Teleskopstoßdämpfern und Querstabilisator
Hinterradaufhängung	DeDion-Achse mit Zugstreben, Wattgestänge, Schraubenfedern, Teleskopstoßdämpfern und Querstabilisator
Bremsscheiben vorne (mm)	261 (Stahl, innenbelüftet)
Bremsscheiben hinten (mm)	250 (Stahl)
Sitzplätze	5
Türenanzahl	4
Länge (mm)	4330
Breite (mm)	1660
Höhe (mm)	1400
Radstand (mm)	2510
Spurweite vorne (mm)	1396
Spurweite hinten (mm)	1382
Kofferrauminhalt (dm³)	500
Kraftstofftank (l)	49
Füllmenge Motorenöl (l) mit Filter	6,0
Füllmenge Kühlwasser (l)	10,0
Füllmenge Getriebeöl (l)	2,1
Leergewicht (kg)	1260
Gesamtgewicht (kg)	1700
Geschwindigkeit (km/h) bei 1000 U/min	45,3
Höchstgeschwindigkeit (km/h)	185
Beschleunigung (Sek) 0–100 km/h	12,4
Beschleunigung (Sek) 0–1000 m	33,2
Kraftstoffverbrauch (l/100km) bei 90 km/h	5,5
Kraftstoffverbrauch (l/100km) bei 120 km/h	7,4
Kraftstoffverbrauch (l/100km) im Stadtverkehr	8,9

Fahrgestellnummern Alfa Romeo 75 2.4 Turbodiesel
Gegen Ende des Jahres 1988 wurden die Fahrgestellnummern umgestellt. Alle Modellausführungen wurden mit fortlaufenden Nummern zusammengefasst.

Fahrgestellnummern Alfa 75 1.6 I.E. bis 3.0 QV

1988	ZAR 162B00*06100001 bis 06112700
1989	ZAR 162B00*06112701 bis 06180950
1990	ZAR 162B00*06180951 bis 06232500
1991	ZAR 162B00*06232501 bis 06255860
1992	ZAR 162B00*06255861 bis 06261500

Motorcodes Alfa Romeo 75 2.4 Turbodiesel

Bezeichnung	Motortyp	Produktion ab
Typ 162 BB5	VM80A	1988

Farben
Alfarot/Rosso Alfa
Holländisch Blau/Blu Olandese
Weiß Capodimonte/Bianco Capodimonte
Dunkelrot/Rosso Scuro
Silberweiß-Metallic/Bianco-Argento Metallizzato
Graugrün-Metallic/Grigio-Verde Metallizzato

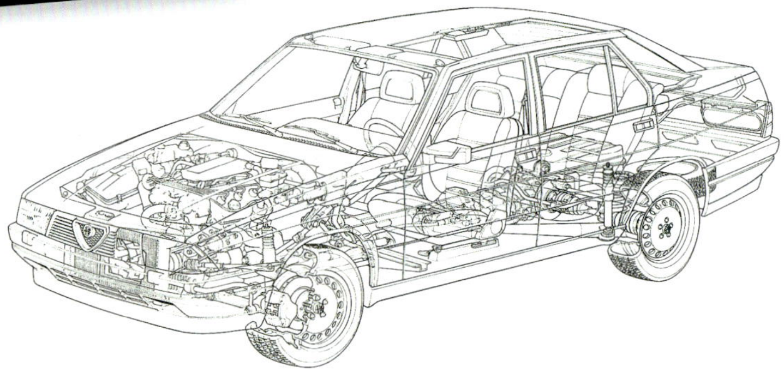

Alfa Romeo 75 2.5 V6 QV

Das höchste Niveau an Leistung und Ausstattung bot beim Verkaufsstart der Alfa 75 2.5 V6 Quadrifoglio Verde mit 156 PS. Das Topmodell des 1985 vorgestellten Alfa 75 mit dem 60°-V-Sechszylinder aus den Modellen GTV6 und Alfa 90 kam zunächst nur im Mutterland auf den Markt, wurde aber im Frühjahr 1986 auch in anderen europäischen Ländern eingeführt.

Es war das erste Modell der Baureihe, das 1987 in einigen Ländern gegen Aufpreis mit geregeltem Katalysator erhältlich war. Block und Zylinderköpfe des bekannten und mehrmals preisgekrönten 6-Zylinder-Triebwerks, ein unumstrittenes Meisterwerk der Ingenieure aus Arese, waren wie bei den Reihenmotoren aus einer Leichtmetalllegierung. Die Zylinderlaufbuchsen aus Grauguss sind „nass", werden also direkt vom Kühlwasser umspült und gekühlt und lassen sich einzeln ersetzen.

Zwei von einem Zahnriemen angetriebene obenliegende Nockenwellen steuern die V-förmig angeordneten Ventile. Große Einlassventile sorgen für gute Füllung, eine Natriumfüllung schützt die Auslassventile vor Überhitzung. Die vierfach gelagerte Kurbelwelle ist aus nitriertem Stahl, und die kontaktlose elektronische Bosch-Zündung regelt die Zündzeitpunktkorrektur sowie die Enddrehzahl automatisch. Um die Gemischaufbereitung kümmert sich die aus GTV6 und Alfa 90 bekannte, jedoch weiterentwickelte Bosch-Multipoint-Benzineinspritzung vom Typ LE-Jetronic 4.1.

Der 2.5 QV war schon ab Werk gut ausgestattet: Zentralverriegelung, elektrische Fensterheber, getönte Scheiben, Leichtmetallfelgen und Servolenkung waren serienmäßig. Die Innenausstattung erhält durch elegante Sitze mit Bezügen aus Wollstoffen mit Lederbesatz eine ganz besondere Note.

Der Quadrifoglio Verde 2.5 kam übrigens nicht in den Genuss des Faceliftings, da er bereits 1987 durch den neuen Alfa 75 3.0 V6 namens „America" ersetzt wurde. Von allen 2,5-Liter-V6-Versionen des Alfa 75 wurden 11.572 Exemplare produziert, davon waren 3737 Quadrifoglio Verde.

Technische Daten	2.5 V6 QV
Zylinderzahl	6
Zylinderanordnung	V6 vorne längs
Bohrung x Hub (mm)	88 x 68,3
Hubraum (cm³)	2492
Verdichtungsverhältnis	9 : 1
Max. Leistung (PS/kW) bei U/min	156/115 bei 5600
Max. Drehmoment (Nm) bei U/min	210 bei 4000
Steuerung	2 obenliegende Nockenwellen mit Zahnriemenantrieb
Kraftstoffaufbereitung	LE-Jetronic 4.1 (Bosch)
Zündung	elektronische, kontaktlose Zündung (Bosch)
Batterieleistung (Ah)	66
Lichtmaschine (A)	70
Antrieb	auf die Hinterräder in Transaxle-Bauweise, dreifach gelagerte Kardanwelle mit Hardyscheiben
Übersetzung 1. Gang	2,875 : 1
Übersetzung 2. Gang	1,720 : 1
Übersetzung 3. Gang	1,226 : 1
Übersetzung 4. Gang	0,946 : 1
Übersetzung 5. Gang	0,780 : 1
Übersetzung R-Gang	3,000 : 1
Übersetzung Achsantrieb	4,100 : 1 (10/41)
Bereifung	195/60 VR 14
Lenkung	Zahnstangenlenkung
Felgen	5 1/2 J x 14
Wendekreisdurchmesser (m)	10,1
Lenkradumdrehungen	3,5
Vorderradaufhängung	Einzelradaufhängung mit Trapez-Dreiecksquerlenkern, Drehstabfedern, Teleskopstoßdämpfern und Querstabilisator
Hinterradaufhängung	DeDion-Achse mit Zugstreben, Wattgestänge, Schraubenfedern, Teleskopstoßdämpfern und Querstabilisator
Bremsscheiben vorne (mm)	265 (Stahl, innenbelüftet)
Bremsscheiben hinten (mm)	250 (Stahl)
Sitzplätze	5
Türenanzahl	4
Länge (mm)	4330
Breite (mm)	1630
Höhe (mm)	1400
Radstand (mm)	2510
Spurweite vorne (mm)	1368
Spurweite hinten (mm)	1358
Kofferrauminhalt (dm³)	500
Kraftstofftank (l)	49
Füllmenge Motorenöl (l) mit Filter	6,0
Füllmenge Kühlwasser (l)	10,0
Füllmenge Getriebeöl (l)	2,1
Leergewicht (kg)	1160
Gesamtgewicht (kg)	1585
Geschwindigkeit (km/h) bei 1000 U/min	39
Höchstgeschwindigkeit (km/h)	210
Beschleunigung (Sek) 0–100 km/h	8,2
Beschleunigung (Sek) 0–1000 m	29
Kraftstoffverbrauch (l/100km) bei 90 km/h	6,8
Kraftstoffverbrauch (l/100km) bei 120 km/h	9,0
Kraftstoffverbrauch (l/100km) im Stadtverkehr	13,0

Fahrgestellnummern Alfa Romeo 75 2.5 V6 QV

1985	ZAR 162B30*00001011 bis 00003113
1986	ZAR 162B30*00003114 bis 00003142
1987	ZAR 162B30*00020601 bis 00020800 (geregelter Kat.)

Motorcodes Alfa Romeo 75 2.5 V6 QV

Bezeichnung	Motortyp	Produktion ab
Typ 162 B3	01646	1985

Farben

Silberweiß-Metallic/Bianco-Argento Metallizzato
Graugrün-Metallic/Grigio-Verde Metallizzato
Weiß Capodimonte/Bianco Capodimonte
Alfarot/Rosso Alfa
Holländisch Blau/Blu Olandese
Dunkelrot/Rosso Scuro

Alfa Romeo 75 2.5 V6 Milano

Der Alfa 75 Milano ist die erste USA-Version und speziell für den amerikanischen Markt entwickelt worden. Abgeleitet vom 75 QV mit geregeltem Katalysator, hat er denselben preisgekrönten 2,5-Liter-V6 mit geregeltem Dreiwege-Kat. Obwohl er ursprünglich nur für den US-Markt vorgesehen war, wurde der Milano 1987 auch ins europäische Verkaufsprogramm aufgenommen, weil am 1. April 1987 verschärfte Abgasvorschriften in Kraft traten. Er wurde so zum Nachfolger des Alfa 75 2.5 QV ohne Katalysator, bevor der 3.0 America beide ablöste.

Der Motor vom Typ 01911, wie er auch im GTV6 und Alfa 90 mit geregeltem Katalysator verbaut worden ist (ohne Kat, Typ 01646 wie beim 75 2.5 QV), weist dieselbe Konstruktion mit Motorblock und Zylinderköpfen aus Leichtmetall, nassen Laufbuchsen elektronischer Bosch-Zündung sowie LE-Jetronic 4.1 auf.

In den USA wurde das Modell in den drei Ausstattungslinien „Silver", „Gold" und „Platinum" angeboten. Der Milano Gold war wahlweise mit einer 3-Gang-Automatik von ZF zu haben, den Platinum gab es nur mit automatischem Getriebe. Alle drei hatten serienmäßig eine Klimaanlage, aber nur der Platinum war mit ABS und einem Lederinterieur ausgerüstet.

Ohnehin ist bei diesem Auto einiges anders als bei den übrigen Versionen. Die Fahrzeuge sind besser ausgestattet, etwa mit serienmäßigen elektrischen Fensterhebern in den Fondtüren, höherwertigem Teppich und viel dickerem Stoff der Innenausstattung.

Die Autos haben weder Kotflügelverbreiterungen noch Heckspoiler, jedoch schon die America-Stoßstangen mit dicken Faltenbälgen und seitlichen Positionslichtern. Durch den Einbau eines größeren Kraftstofftanks hinter der Rückbank schrumpfte das Kofferraumvolumen auf 380 Liter.

Der Milano ist der Vorreiter des 75 America und weist wegen der strengen Zulassungsbedingungen auf dem US-Markt alle sicherheitstechnischen Bauteile wie verstärkte Stoßstangen, Positionslichter und Sicherheitstank auf. Der 75 Milano ist weit weniger agil zu fahren als der QV, da er eher auf Komfort ausgelegt wurde.

Auch dieses Modell wurde, wie der QV, schon nach etwas mehr als einem Jahr durch den größeren America abgelöst und ist daher auf dem europäischen Markt nur noch schwer in gutem Zustand zu finden. Obendrein wurden vom Milano nur 7835 Stück gebaut. Alle 2,5-Liter-V6-Versionen zusammen bringen es auf 11.572 Exemplare.

Technische Daten	2.5 V6 Milano
Zylinderzahl	6
Zylinderanordnung	V6 vorne längs
Bohrung x Hub (mm)	88 x 68,3
Hubraum (cm³)	2492
Verdichtungsverhältnis	9 : 1
Max. Leistung (PS/kW) bei U/min	154/113 bei 5500
Max. Drehmoment (Nm) bei U/min	206 bei 3200
Steuerung	2 obenliegende Nockenwellen mit Zahnriemenantrieb
Kraftstoffaufbereitung	LE-Jetronic 4.1 (Bosch)
Zündung	elektronische, kontaktlose Zündung (Bosch)
Batterieleistung (Ah)	66
Lichtmaschine (A)	70
Antrieb	auf die Hinterräder in Transaxle-Bauweise, dreifach gelagerte Kardanwelle mit Hardyscheiben
Übersetzung 1. Gang	2,875 : 1
Übersetzung 2. Gang	1,720 : 1
Übersetzung 3. Gang	1,226 : 1
Übersetzung 4. Gang	0,946 : 1
Übersetzung 5. Gang	0,780 : 1
Übersetzung R-Gang	3,000 : 1
Übersetzung Achsantrieb	4,100 : 1 (10/41) 25% selbstsperrend
Bereifung	195/60 VR 14
Lenkung	Zahnstangenlenkung
Felgen	5 1/2 J x 14
Wendekreisdurchmesser (m)	10,1
Lenkradumdrehungen	3,5
Vorderradaufhängung	Einzelradaufhängung mit Trapez-Dreiecksquerlenkern, Drehstabfedern, Teleskopstoßdämpfern und Querstabilisator
Hinterradaufhängung	DeDion-Achse mit Zugstreben, Wattgestänge, Schraubenfedern, Teleskopstoßdämpfern und Querstabilisator
Bremsscheiben vorne (mm)	265 (Stahl, innenbelüftet)
Bremsscheiben hinten (mm)	250 (Stahl)
Sitzplätze	5
Türenanzahl	4
Länge (mm)	4418
Breite (mm)	1630
Höhe (mm)	1400
Radstand (mm)	2510
Spurweite vorne (mm)	1378
Spurweite hinten (mm)	1368
Kofferrauminhalt (dm³)	380
Kraftstofftank (l)	75
Füllmenge Motorenöl (l) mit Filter	6,0
Füllmenge Kühlwasser (l)	10,0
Füllmenge Getriebeöl (l)	2,1
Leergewicht (kg)	1320
Gesamtgewicht (kg)	1585
Geschwindigkeit (km/h) bei 1000 U/min	34
Höchstgeschwindigkeit (km/h)	205
Beschleunigung (Sek) 0–100 km/h	8,2
Beschleunigung (Sek) 0–1000 m	29,2
Kraftstoffverbrauch (l/100km) bei 90 km/h	6,0
Kraftstoffverbrauch (l/100km) bei 120 km/h	8,4
Kraftstoffverbrauch (l/100km) im Stadtverkehr	9,9

Fahrgestellnummern Alfa Romeo 75 2.5 V6 Milano

1986	ZAR 161160*00050011 bis 00053111
1987	ZAR 161160*00053113 bis 00053300

Fahrzeuge die für den US-Markt hergestellt wurden, sind hier nicht aufgeführt.

Motorcodes Alfa Romeo 75 2.5 V6 Milano

Bezeichnung	Motortyp	Produktion ab
Typ 161.16	01911	1986

Farben

Alfarot/Rosso Alfa
Silberweiß-Metallic/Bianco-Argento Metallizzato
Schwarz/Nero

Alfa Romeo 75 3.0 V6 America

1987 wurde der auf drei Liter Hubraum aufgebohrte V6-Motor im Alfa 75 als Ersatz für den 2,5-Liter vorgestellt. Die beiden 2,5-Liter-Modelle QV und Milano wurden vom Alfa 75 3.0 V6 America abgelöst. Premiere hatte er gleichzeitig mit dem ebenso neuen 2.0 Twin Spark auf dem Autosalon in Genf.

Wie beim Twin Spark und später bei allen anderen Versionen auch, erhielt der 3.0 America den bereits beim Turbo Evoluzione verwendeten neuen Heckspoiler, der aus der umlaufenden Leiste gebildet wurde. Außerdem hatte er wie der 75 Milano serienmäßig Stoßstangen mit Faltenbälgen, die ursprünglich für die US-amerikanischen Anforderungen entwickelt wurden und ihm den Beinamen einbrachten.

Jene Variante des 3.0 V6, die in die USA verkauft wurde, hieß wie schon beim 2.5 wieder 75 Milano, nun aber mit dem Zusatz 3.0i Verde. In einigen Ländern Europas stand, wie in den USA, von Anfang an nur die Katalysator-Version im Angebot, während in den übrigen europäischen Staaten erst 1989 die umweltfreundliche Variante angeboten wurde. Der Motor ist bis auf Hub und Bohrung praktisch identisch mit dem 2,5-Liter.

Im Gegensatz zum Milano 2.5 wurden beim America Kotflügelverbreiterungen aus Kunststoff wie beim 75 Turbo angebracht und durch passende, formschöne Seitenschweller wie beim 2.0 Twin Spark ergänzt. Auch im America wurde der größere Kraftstofftank aus Sicherheits- und Zulassungsgründen hinter der Rückbank platziert. Das Kofferraumvolumen beträgt deshalb wie beim Milano nur noch 380 Liter.

Kurz nach der Einführung wurde der 3.0 America im Herbst 1988 wie alle anderen Versionen des Alfa 75 geliftet. Von den Alfa Romeo 75 mit dem Dreiliter-V6 (America, QV und Milano 3.0) wurden nur 9704 gebaut, und sie gehören sicher zu den begehrtesten Modellen der Gattung „75“.

Technische Daten	3.0 V6 America
Zylinderzahl	6
Zylinderanordnung	V6 vorne längs
Bohrung x Hub (mm)	93 x 72,6
Hubraum (cm³)	2959
Verdichtungsverhältnis	9,5 : 1
Max. Leistung (PS/kW) bei U/min	185/136 bei 5800
Max. Drehmoment (Nm) bei U/min	236 bei 4000
Steuerung	2 obenliegende Nockenwellen mit Zahnriemenantrieb
Kraftstoffaufbereitung	LE-Jetronic 4.1 (Bosch)
Zündung	elektronische, kontaktlose Zündung (Bosch)
Batterieleistung (Ah)	60
Lichtmaschine (A)	70
Antrieb	auf die Hinterräder in Transaxle-Bauweise, dreifach gelagerte Kardanwelle mit Hardyscheiben
Übersetzung 1. Gang	2,875 : 1
Übersetzung 2. Gang	1,720 : 1
Übersetzung 3. Gang	1,226 : 1
Übersetzung 4. Gang	0,946 : 1
Übersetzung 5. Gang	0,780 : 1
Übersetzung R-Gang	3,000 : 1
Übersetzung Achsantrieb	3,545 : 1 (11/39) 25% selbstsperrend
Bereifung	195/60 VR 14
Lenkung	Zahnstangenlenkung
Felgen	6 1/2 J x 14
Wendekreisdurchmesser (m)	10,1
Lenkradumdrehungen	3,5
Vorderradaufhängung	Einzelradaufhängung mit Trapez-Dreiecksquerlenkern, Drehstab-federn, Teleskopstoßdämpfern und Querstabilisator
Hinterradaufhängung	DeDion-Achse mit Zugstreben, Wattgestänge, Schraubenfedern, Teleskopstoßdämpfern und Quer-stabilisator
Bremsscheiben vorne (mm)	265 (Stahl, innenbelüftet)
Bremsscheiben hinten (mm)	250 (Stahl)
Sitzplätze	5
Türenanzahl	4
Länge (mm)	4420
Breite (mm)	1660
Höhe (mm)	1400
Radstand (mm)	2510
Spurweite vorne (mm)	1396
Spurweite hinten (mm)	1382
Kofferrauminhalt (dm³)	380
Kraftstofftank (l)	75
Füllmenge Motorenöl (l) mit Filter	6,0
Füllmenge Kühlwasser (l)	10,0
Füllmenge Getriebeöl (l)	2,1
Leergewicht (kg)	1300
Gesamtgewicht (kg)	1585
Geschwindigkeit (km/h) bei 1000 U/min	39
Höchstgeschwindigkeit (km/h)	219
Beschleunigung (Sek) 0–100 km/h	7,8
Beschleunigung (Sek) 0–1000 m	28,2
Kraftstoffverbrauch (l/100km) bei 90 km/h	7,6
Kraftstoffverbrauch (l/100km) bei 120 km/h	9,4
Kraftstoffverbrauch (l/100km) im Stadtverkehr	13,2

Fahrgestellnummern Alfa Romeo 75 3.0 V6 America

1987 ZAR 162B60*00040011 bis 00041100 (EU)
1987 ZAR 162B60*00051011 bis 00051550 (USA)
1988 ZAR 162B60*00041101 bis 00042100 (EU)
1988 ZAR 162B60*00051556 bis 00051900 (USA)

Gegen Ende des Jahres 1988 wurden die Fahrgestell-nummern umgestellt. Alle Modellausführungen wurden mit fortlaufenden Nummern zusammengefasst.

Fahrgestellnummern Alfa 75 1.6 I.E. bis 3.0 QV

1988 ZAR 162B00*06100001 bis 06112700
1989 ZAR 162B00*06112701 bis 06180950
1990 ZAR 162B00*06180951 bis 06232500
1991 ZAR 162B00*06232501 bis 06255860
1992 ZAR 162B00*06255861 bis 06261500

Motorcodes Alfa Romeo 75 3.0 V6 America

Bezeichnung	Motortyp	Produktion ab
Typ 162 B6	06120	1987
Typ 162 B6A	06120	1988

Farben

Alfarot/Rosso Alfa
Silberweiß-Metallic/Bianco-Argento Metallizzato
Grau-Metallic/Grigio Metallizzato
Schwarz/Nero

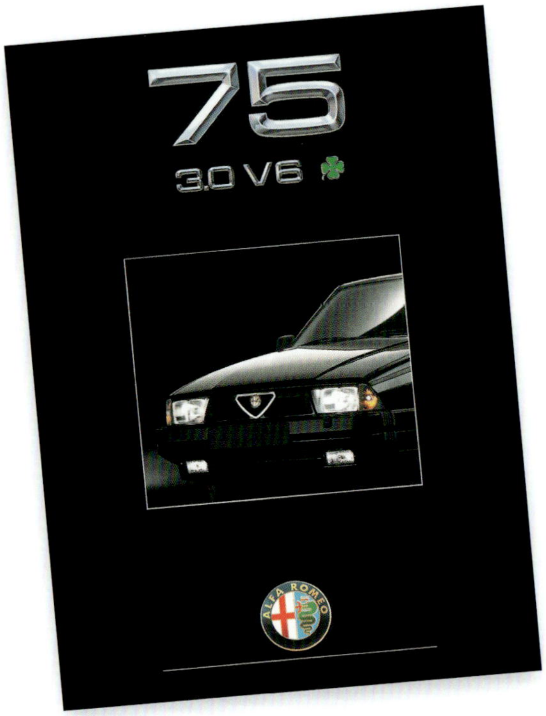

Alfa Romeo 75 3.0 V6 QV

Der Alfa 75 3.0 V6 QV kam 1990 gegen Ende der Produktionszeit des 75ers auf den Markt und entspricht bis auf einige Details weitgehend dem Alfa 75 America, der vom QV abgelöst wurde. Um dieses Modell trotzdem abzugrenzen, wurde es wieder „Quadrifoglio Verde" genannt – ein würdiger Name für das wohl unumstrittene Topmodell der 75er-Reihe.

Der Motor dieses Dreiliter-Topmodells erfuhr durch neues Motormanagement und weitere kleine Details eine Leistungssteigerung von 7 PS. Nichts Weltbewegendes, aber technisch gesehen ein weiterer Schritt in die Zukunft, da die neueste Generation der Bosch-Einspritzung zum Einsatz kam. Äußerlich ist der 3.0 QV nur an den neuen Leichtmetallfelgen und am kantigen Auspuffendrohr erkennbar.

Der Motor und sein Innenleben sind praktisch identisch mit dem des 3.0 America. Das Besondere sind die neue Gemischaufbereitung und die elektronische Zündung. Diese beiden Hauptsysteme werden nun nämlich von einem kombinierten Einspritz- und Zündungssteuergerät, der Motronic 4.1 von Bosch, gesteuert.

Wie bei Milano und America sitzt beim QV der Kraftstofftank hinter der Rückbank, die wie die übrigen Sitze und die Türverkleidungen mit einem neuen Stoff-Muster aus feinstem Samt glänzen, sofern sie nicht mit Leder bezogen waren, das es ausschließlich in grau gab. Das Kofferraumvolumen beträgt wie bei den Vorgängern nur 380 Liter. Zusammen mit dem America wurden 9704 Alfa 75 mit dem Dreiliter-V6 gebaut, wobei der 1576 Mal produzierte QV auf dem Klassikermarkt eindeutig das gesuchtere Modell ist.

Technische Daten	3.0 V6 QV
Zylinderzahl	6
Zylinderanordnung	V6 vorne längs
Bohrung x Hub (mm)	93 x 72,6
Hubraum (cm³)	2959
Verdichtungsverhältnis	9,5 : 1
Max. Leistung (PS/kW) bei U/min	192/141 bei 6000
Max. Drehmoment (Nm) bei U/min	248 bei 4500
Steuerung	2 obenliegende Nockenwellen mit Zahnriemenantrieb
Kraftstoffaufbereitung	Motronic ML 4.1 (Bosch)
Zündung	Motronic ML 4.1 (Bosch) mit Einspritzung integriert
Batterieleistung (Ah)	60
Lichtmaschine (A)	70
Antrieb	auf die Hinterräder in Transaxle-Bauweise, dreifach gelagerte Kardanwelle mit Hardyscheiben
Übersetzung 1. Gang	2,875 : 1
Übersetzung 2. Gang	1,720 : 1
Übersetzung 3. Gang	1,226 : 1
Übersetzung 4. Gang	0,946 : 1
Übersetzung 5. Gang	0,780 : 1
Übersetzung R-Gang	3,000 : 1
Übersetzung Achsantrieb	3,727 : 1 (11/41) 25% selbstsperrend
Bereifung	195/55 VR 15
Lenkung	Zahnstangenlenkung
Felgen	6 1/2 J x 15
Wendekreisdurchmesser (m)	10,1
Lenkradumdrehungen	3,5
Vorderradaufhängung	Einzelradaufhängung mit Trapez-Dreiecksquerlenkern, Drehstab-federn, Teleskopstoßdämpfern und Querstabilisator
Hinterradaufhängung	DeDion-Achse mit Zugstreben, Wattgestänge, Schraubenfedern, Teleskopstoßdämpfern und Quer-stabilisator
Bremsscheiben vorne (mm)	265 (Stahl, innenbelüftet)
Bremsscheiben hinten (mm)	250 (Stahl)
Sitzplätze	5
Türenanzahl	4
Länge (mm)	4420
Breite (mm)	1660
Höhe (mm)	1400
Radstand (mm)	2510
Spurweite vorne (mm)	1396
Spurweite hinten (mm)	1382
Kofferrauminhalt (dm³)	380
Kraftstofftank (l)	75
Füllmenge Motorenöl (l) mit Filter	6,0
Füllmenge Kühlwasser (l)	10,0
Füllmenge Getriebeöl (l)	2,1
Leergewicht (kg)	1300
Gesamtgewicht (kg)	1585
Geschwindigkeit (km/h) bei 1000 U/min	39
Höchstgeschwindigkeit (km/h)	222
Beschleunigung (Sek) 0–100 km/h	7,5
Beschleunigung (Sek) 0–1000 m	28,2
Kraftstoffverbrauch (l/100km) bei 90 km/h	7,6
Kraftstoffverbrauch (l/100km) bei 120 km/h	9,4
Kraftstoffverbrauch (l/100km) im Stadtverkehr	13,2

Fahrgestellnummern Alfa Romeo 75 3.0 V6 QV

Gegen Ende des Jahres 1988 wurden die Fahrgestellnummern umgestellt. Alle Modellausführungen wurden mit fortlaufenden Nummern zusammengefasst.

Fahrgestellnummern Alfa 75 1.6 I.E. bis 3.0 QV

1988	ZAR 162B00*06100001 bis 06112700
1989	ZAR 162B00*06112701 bis 06180950
1990	ZAR 162B00*06180951 bis 06232500
1991	ZAR 162B00*06232501 bis 06255860
1992	ZAR 162B00*06255861 bis 06261500

Motorcodes Alfa Romeo 75 3.0 V6 QV

Bezeichnung	Motortyp	Produktion ab
Typ 162 B6B	06124	1989

Farben

Alfarot/Rosso Alfa
Schwarz/Nero
Silberweiß-Metallic/Bianco-Argento Metallizzato
Mittelgrau-Metallic/Grigio-Medio Metallizzato
Flaschengrün-Metallic/Verde Mirto

Produktionszahlen	Stück	%	Infos
1,6	99.319	25,54%	
1.6 I.E.	27.977	7,20%	
1,8	42.138*	10,84%	inkl. Polizia & Carabinieri Versionen
1.8 I.E.	41.766	10,74%	inkl. Polizia & Carabinieri Versionen
1.8 I.E. Turbo	13.041	3,35%	inkl. America-Turbo und QV-Turbo
1.8 I.E. Turbo Evoluzione	500	0,13%	
2.0	16.971*	4,36%	inkl. 17 Stück mit Einspritzung
2.0 TD	43.127	11,09%	
2.0 Twin Spark	76.624*	19,71%	
2.4 TD	6.083	1,56%	
2.5 V6 Milano	7.835	2,02%	USA und Europa-Modelle
2.5 V6 QV	3.737*	0,96%	nur für D, CH und A bestimmt
3.0 V6 America	8.128*	2,09%	
3.0 V6 QV	1.576	0,41%	
Total	**388.822**	**100,00%**	*** inkl. rechtsgelenkte Modelle**

75

olio

4 Technik und Ausstattung

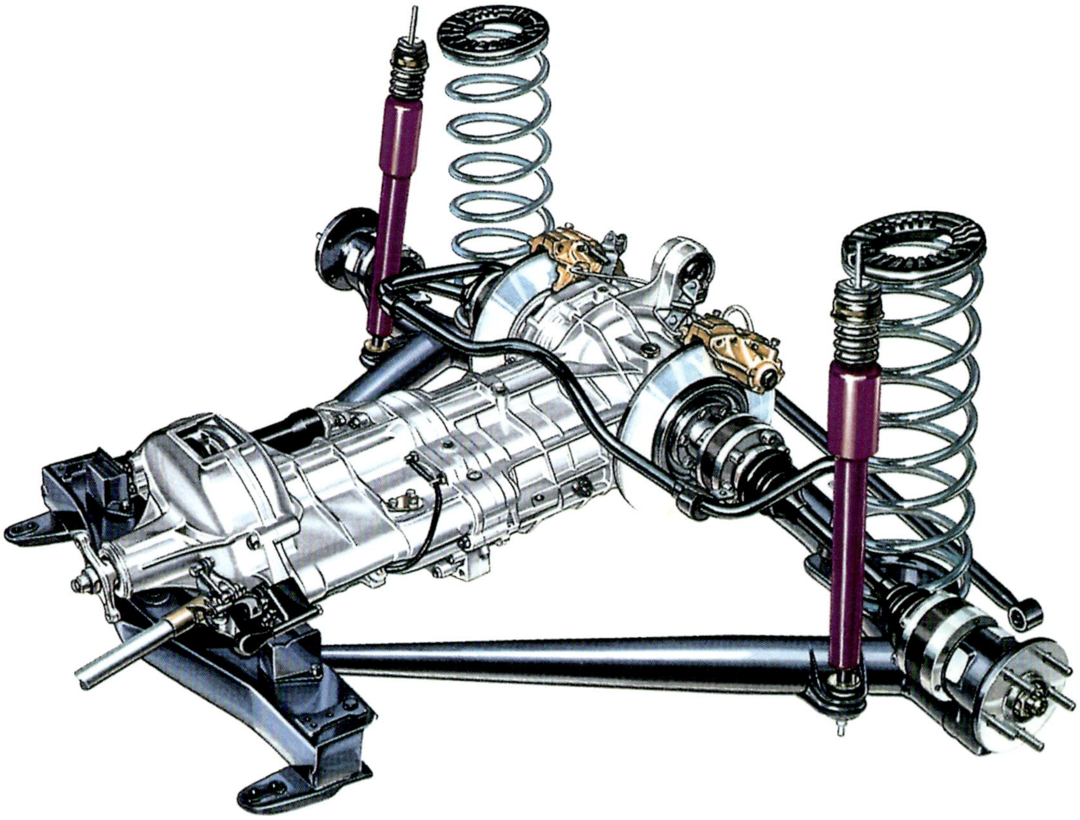

Edle Lösung: Getriebe an der DeDion-Hinterachse mit Wattgestänge und innenliegende Scheibenbremsen

Das Transaxle-Getriebe

Damit ein Automobil seine Leistung auf die Straße bringen kann, ist eine Komponente von überragender Bedeutung: das Getriebe, von dessen Bauweise und Konstruktion das Fahrvergnügen maßgeblich abhängt. Das Besondere am Alfa-75-Getriebe ist das Transaxle-Konzept mit DeDion-Achse. Da betrat der Alfa Romeo 75 allerdings kein Neuland, glänzten doch vor ihm bereits Alfetta, Alfetta GT, GTV, GTV6, Giulietta und Alfa 90 mit dem feinen Fahrwerk.

Transaxle steht für die Anordnung des Getriebes und des Differenzials auf der Hinterachse. Durch diese Verteilung der Komponenten wird auch das Fahrzeuggewicht annähernd gleich auf Vorder- und Hinterachse verteilt. Das ist eine hervorragende Lösung, die ausgewogenes Fahrverhalten, außergewöhnliche Stabilität und sehr gute Lenkbarkeit garantiert.

Diese Hinterachse in DeDion-Bauweise ist eine Starrachse, jedoch bleibt der Achsantrieb von der Achse getrennt. Er ist am Aufbau befestigt, um die meisten Massen aus dem ungefederten Teil der Achse herauszunehmen. Die Kraftübertragung erfolgt über Gelenkwellen mit je zwei homokinetischen Gelenken mit zusätzlichem Längenausgleich. Die Seitenführung der Hinterachse übernehmen zwei an einem Zwischenhebel angreifende Querstreben – das so genannte Wattgestänge –, die die Räder auch bei Kurvenfahrt senkrecht zur Straße halten sollen.

Nachteil der aufwändigen Konstruktion mit dem hintenliegenden Getriebe ist der lange Schalthebelweg, der das exakte und schnelle Sortieren der Gänge erschwert. Um Abhilfe zu schaffen, wurde beim Alfa 75 eine so genannte isostatische Schalthebelführung mit geringem Spielraum eingebaut. So wurde eine deutlich bessere Schaltbarkeit erreicht.

Die Kraftübertragung vom Motor zum Getriebe übernimmt eine zweiteilige Kardanwelle, die an beiden Enden mit Polygongummigelenken befestigt ist, um Schwingungen und Vertikalbewegungen aufzufangen. Zusätzlich ist sie in der Mitte gelagert und mit einem dritten Gummigelenk versehen.

Am Getriebeeingang sitzt die Kupplung, eine Einscheiben-Trockenkupplung mit verschiedenen Durchmessern je nach Motortyp. Die Betätigung mit automatischem Spielausgleich erfolgt ausschließlich hydraulisch, das gestattet mühelose und präzise Bedienung der Kupplung bei geringem Kraftaufwand. Häufiges Schalten auf kurven-

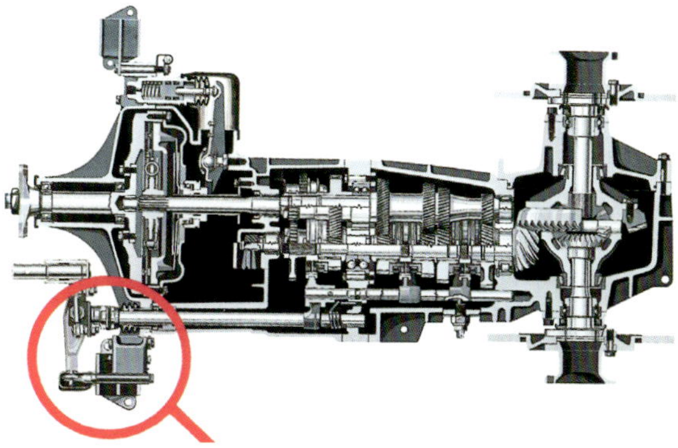

Oben links: Das Transaxle-Getriebe auf dem Montageband kurz vor dem Einbau

Oben rechts: Schnittzeichnung des Getriebes. Im Kreis die Schalthebelführung für ein präziseres Schalten (im Foto daruntcr).

Unten: Das „offene" Getriebe. Der Gehäuse-Flansch aus Aluminium lässt sich vom restlichen Gehäuse trennen, womit eine Getriebereparatur relativ einfach und kostengünstig durchgeführt werden kann.

reichen Strecken und im Stadtverkehr wird somit außerordentlich erleichtert.

Allc Vorwärtsgänge sind schrägverzahnt und werden mit einer Porsche-Synchronisation synchronisiert. Der Rückwärtsgang ist geradeverzahnt und unsynchronisiert. Die Übersetzungsverhältnisse von Getriebe und Hinterachse wurden so gewählt, dass der bestmögliche Kompromiss zwischen niedrigem Verbrauch (längere Gänge) und Leistung (kurze Übersetzungen) erzielt wurde. Sie variieren deshalb auch von Modell zu Modell (siehe technische Daten der entsprechenden Version).

Das Differenzial mit Hypoid-Antrieb liegt am Getriebeausgang und hat je nach Motorisierung eine Achsübersetzung zwischen 3,077:1 (75 2.4 TD: 13/40) und 4,550:1 (75 1.6: 9/41). Ein Sperrdifferenzial mit 25-prozentiger Selbst-Sperrung war ab Werk den Modellen Twin Spark, Turbo, Milano, America und 3.0 QV vorbehalten. Das Getriebe ist mit 2,1 Litern Öl gefüllt, das alle 40.000 Kilometer gewechselt werden sollte.

Am Getriebe ist seitlich der Tachogeber angebracht. Ein Schneckenradantrieb erzeugt eine Wechselspannung und liefert dieses elektrische Signal via Kabel dem Tacho.

Das Getriebe selbst hat ein Gehäuse aus Aluminiumguss und ist äußerst wartungsfreundlich. Ein Fachmann vermag die Kupplung binnen zweier Stunden zu ersetzen, für Aus- und Einbau des Getriebeflansches mit beiden Getriebewellen benötigt er rund vier Stunden.

Der einzige Schwachpunkt an diesem Getriebe ist die Synchronisation des zweiten Ganges, die auf die erwähnte mangelhafte Schalthebelführung zurückzuführen ist. Es hat immer wieder, auch in der Fachpresse, Kritik an der Konstruktion gegeben, die Alfisti lieben sie jedoch über alles.

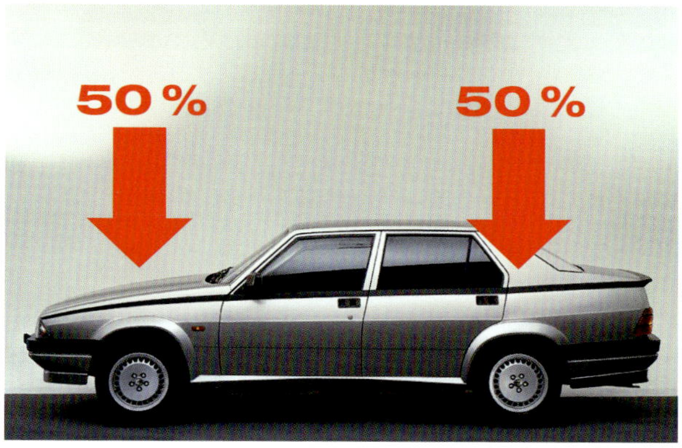

Verbesserte Straßenlage dank Transaxle-Prinzips und modernen Fahrwerks. Durch die Anordnung des Getriebes auf der Hinterachse ergibt sich eine optimale Gewichtsverteilung auf die beiden Achsen von je 50%.

Das Fahrwerk

Das perfekte Verhältnis zwischen Auto und Straße stellt vor allem ein ausgereiftes Fahrwerk her. Exzellente Fahrwerkstechnik steht nicht nur für stabile Straßenlage bei Kurvenfahrten mit hoher Geschwindigkeit, sondern auch für Komfort und gute Dämpfung bei Bodenunebenheiten. Philosophie von Alfa Romeo war es stets, dass der Reiz des sportlichen Fahrens vor allem darin besteht, das Fahrzeug zu „fühlen" und es aktiv kontrollieren zu können.

Beim Alfa 75 sorgen die optimale Gewichtsverteilung und die Aufhängungssysteme an Vorder- und Hinterachse für bessere Fahrstabilität und ein großes Maß an aktiver Sicherheit. Darüber hinaus vermitteln Handling und sportlicher Komfort einen Fahrspaß, der auch den routiniertesten Fahrer beeindruckt.

So ist es denn auch nicht verwunderlich, dass der heftige Reiz, die weiße Nadel auf Landstraßen in die Nähe des roten Bereichs zu bringen, nicht nur vom Motor ausgeht. Auch das Fahrwerk bereitet eine Menge Spaß, da man es hier mit dem letzten Vertreter einer ausgestorbenen Gattung zu tun hat: Der 75 ist der letzte Großserien-Alfa mit Heckantrieb. Überdies haben die Entwickler alles unternommen, die klassischen Alfa-Tugenden beim 75 unter einen Hut zu bringen.

Neben Federung, Radaufhängung, Lenkung, Bremsen und Rädern samt Bereifung gehört mittelbar natürlich auch die Karosserie zu den wichtigen Faktoren. Beim Alfa Romeo 75 ist der Aufbau eine selbsttragende Karosserie aus Stahlblech und Stahlprofilen in Schalenbauweise mit vier Türen und fünf Sitzplätzen. Er besitzt hohe Torsionsfestigkeit, große Tragfähigkeit und Steifigkeit und ist von vorteilhaft geringem Gewicht.

Die Bleche der Karosserie aus elektro-verzinktem, hochfestem Stahl sind ab Werk mit einer starken Kataphorese-Beschichtung und einem Polyurethan-Unterbodenschutz gegen Korrosion geschützt. Eine Nachbehandlung war aber auch hier noch mehr als empfehlenswert.

Alle Fahrwerksteile sind an diesem Chassis befestigt. Vorne hat der Alfa 75 Einzelradaufhängung mit Vierecksquerlenkern, degressiv arbeitenden hydraulischen Teleskopstoßdämpfern und Torsionsstäben, die als Federelement wirken. Diese Aufhängung, kombiniert mit

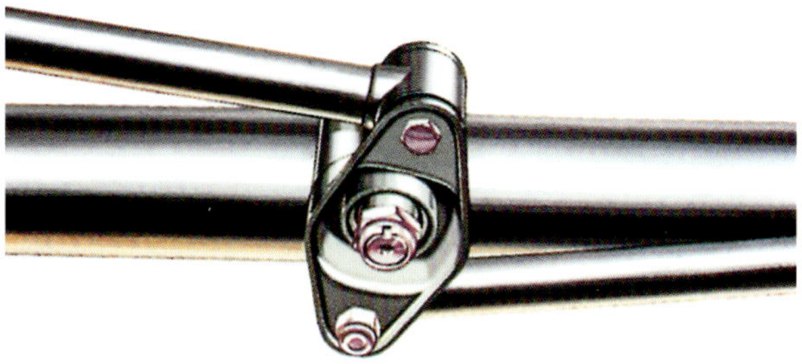

Links oben und unten: Vorderradaufhängung

Rechts oben: Teilansicht des Wattgestänges

Rechts unten: Die Hinterachse mit Getriebe, Federung und Wattgestänge

einem Querstabilisator, trägt zu hohem Fahrkomfort und hervorragender Straßenlage bei.

Um die Fahreigenschaften und das Fahrverhalten zu optimieren, ist das perfekte Gleichgewicht zwischen Vorder- und Hinterachse erstrebenswert. Aus diesem Grund kommt eine DeDion-Hinterachse zum Einsatz. Diese konstruktive Lösung verbindet die Vorteile der Starrachse mit den Vorzügen der Einzelradaufhängung und reduziert, wie bereits beim Transaxle-Getriebe beschrieben, die ungefederten Massen.

Die DeDion-Achse besteht aus einer Rohrkonstruktion in Dreiecksform, die vorn über eine Gummibuchse an einem am Fahrzeugaufbau verankerten Querträger befestigt ist. Über diese Verbindung wird die von den Antriebsrädern erzeugte Schubkraft auf den Aufbau übertragen.

Die hintere Befestigung übernimmt ein Wattgestänge, das über einen Kipphebel an der Achse angelenkt ist, der wiederum über zwei Querlenker am Aufbau befestigt ist. Die Hebelarme des Wattgestänges wirken abwechselnd als Zug- und als Druckstäbe den von den Rädern auf die Achse übertragenen Beanspruchungen entgegen und vermeiden so jedwede seitliche Bewegung des Fahrzeugaufbaus.

Vervollständigt wird die Hinterradaufhängung durch Schraubenfedern, hydraulische Teleskopstoßdämpfer und einen Torsionsstabilisator. Die DeDion-Konstruktion garantiert eine verbesserte Radgeometrie der Hinterräder. Sie gewährleistet senkrechte Radstellung und gute Bodenhaftung sowohl in der Kurve als auch auf schlechter Straße – ist also auch ein wichtiger Sicherheitsfaktor.

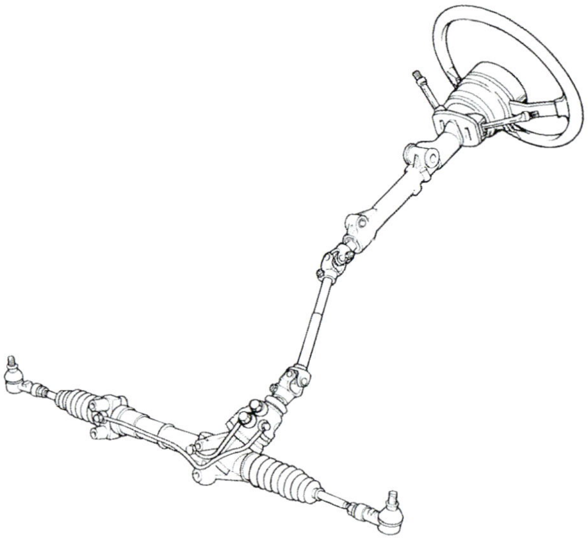

Oben links: Die Zahnstangenlenkung

Oben rechts: Vordere Bremsscheiben ohne Innenbelüftung wurden in die schwächer motorisierten Modelle eingebaut. Vierloch-Felgen hatten die Vergasermodelle sowie 1.6 I.E., 1.8 I.E. und der 2.0 Turbodiesel, die übrigen trugen Räder mit Fünflochkranz.

Die Zahnstangen-Sicherheitslenkung besteht aus einer zweiteiligen Lenksäule mit zwei Kardangelenken und elastischer Kupplung. Eine Servolenkung war bei den kleinmotorigen 75ern nur als Option erhältlich, während sie bei den Topmotorisierungen Serie war. Mit rund 3,5 Lenkradumdrehungen und einer gesamten Untersetzung von 21,2 konnte ein kleinster Wendekreisradius von 5050 mm gefahren werden. Das Lenkrad ließ sich in der Höhe um 80 mm verstellen.

Die Bremsanlage ist bei allen Transaxle-Alfas gleich: Scheibenbremsen rundum mit doppeltem Bremskreis und Bremskraftregler für die Hinterräder. Die vorderen Scheiben (bei den stärker motorisierten Modellen sind sie innenbelüftet) haben je nach Version einen Durchmesser zwischen 250 und 265 mm. Der Durchmesser der hinteren Scheiben beträgt bei allen 250 mm.

Rundum arbeiten Zweikolbenzangen, die hinteren enthalten die mechanische Vorrichtung der Handbremse.

Für Laien oder nicht ausgebildete Mechaniker ist es kein leichtes Unterfangen, diese Hinterradbremsen nach dem Belagwechsel richtig einzustellen.

Ein Unterdruck-gesteuerter Bremskraftverstärker mit einem Durchmesser von 6 Zoll unterstützt den Fahrer beim Bremsen und reduziert den Kraftaufwand auf ein angenehmes Minimum. Die Räder sind zwischen 5½ x 13 Zoll beim 75 1.6 und 6½ x 15 Zoll beim 75 3.0 groß und tragen Reifen im Format 185/70 TR 13 (1.6) bis 195/55 VR 15 (3.0).

Auch wenn moderne Fronttriebler kaum noch Antriebseinflüsse in der Lenkung spüren lassen und noch so narrensicher ihre Bahn ziehen, vermittelt der Alfa 75 ein gutes Gefühl, wenn die Kraft hinten zupackt und per Gaspedal mitgelenkt werden kann. Er bleibt in schnellen Kurven sehr lange neutral, bis das Heck anfängt, zum Außenrand zu drängen. Das richtige Fahrwerk für ein Fahren aus Leidenschaft.

Urgestein: Auch im 75 leistete der klassische Doppelnocker (links) beste Dienste. Allerdings hatten sich die Ingenieure mittlerweile ein paar raffinierte Neuerungen einfallen lassen, etwa den Phasenversteller für die Nockenwelle (unten).

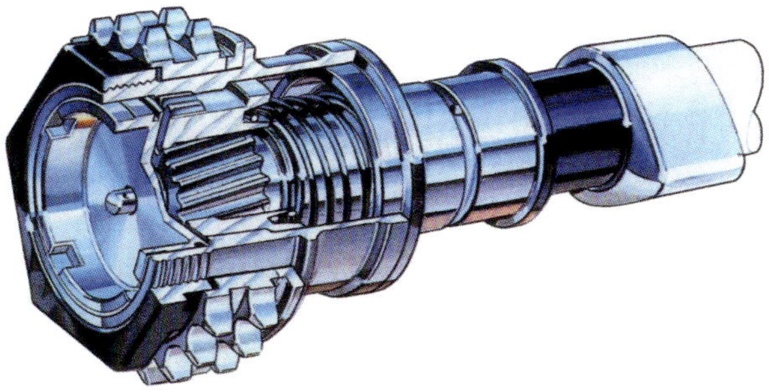

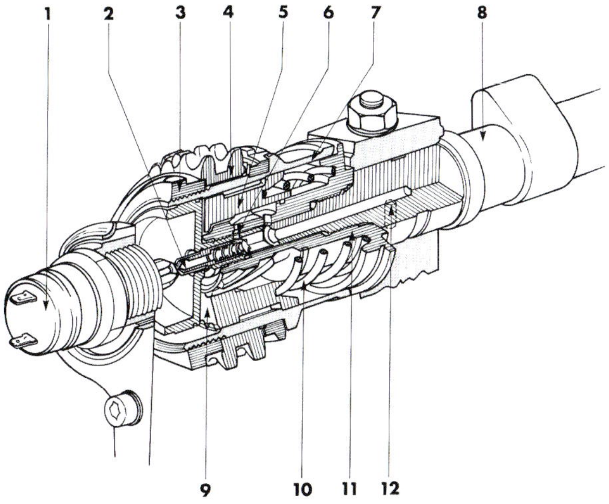

Phasenversteller

1. Elektromagnet
2. Ölrücklaufbohrung
3. Nutmutter
4. Steuerzahnrad
5. Kolben
6. Ölbohrung
7. Zahnhülse
8. Nockenwelle
9. Kammer
10. Feder
11. Träger des Verstellers
12. Ölbohrung

Technische Raffinessen

Neben dem viel gerühmten und mehrfach prämierten V6-Motor mit einem Gabelwinkel von 60°, der im America und im Quadrifoglio zum Einsatz kam, trumpfte vor allem das Twin-Spark-Aggregat mit einigen technischen Leckerbissen auf. Die Doppelzündung mit zwei Kerzen pro Brennraum wurde von einer Bosch-Kennfeldzündung kontrolliert und sorgte dank besserer Verbrennung für mehr Leistung. Dabei wurde jeder Zündkreis von einer eigenen Zündspule und einem eigenen Verteiler gespeist, so dass auch bei eventuellem Ausfall einer Kerze unbesorgt weitergefahren werden konnte.

Eine besonders interessante Neuheit war jedoch der Phasenversteller, ein von Alfa Romeo entwickeltes und patentiertes System zur Optimierung der Zylinderfüllung. Dieser elektrisch betätigte Mechanismus auf der Stirnseite der Einlass-Nockenwelle verstellte im Betrieb die Steuerzeiten abhängig von Motordrehzahl und Temperatur, was die maximale Füllung der Brennräume gewährleistete. In Verbindung mit der Doppelzündung verlief so die Verbrennung rascher und gründlicher, was außer zu mehr Leistung zur Verringerung des Kraftstoffverbrauchs und der Abgasemissionen führte.

Rechts: Der Schnitt durch den 1.8-I.E.-Turbo-Motor des Alfa 75 zeigt den Weg der Frischluft (blaue Pfeile) vom Luftfilter bis in den Verbrennungsraum und den Weg der Abgase (rote Pfeile) vom Verbrennungsraum durch den Turbolader.

Mitte: Das kleine Bild zeigt den Öl-Schmierkreislauf (gelb) und den Wasser-Kühlkreislauf (kleiner blauer Pfeil) durch den Turbolader.

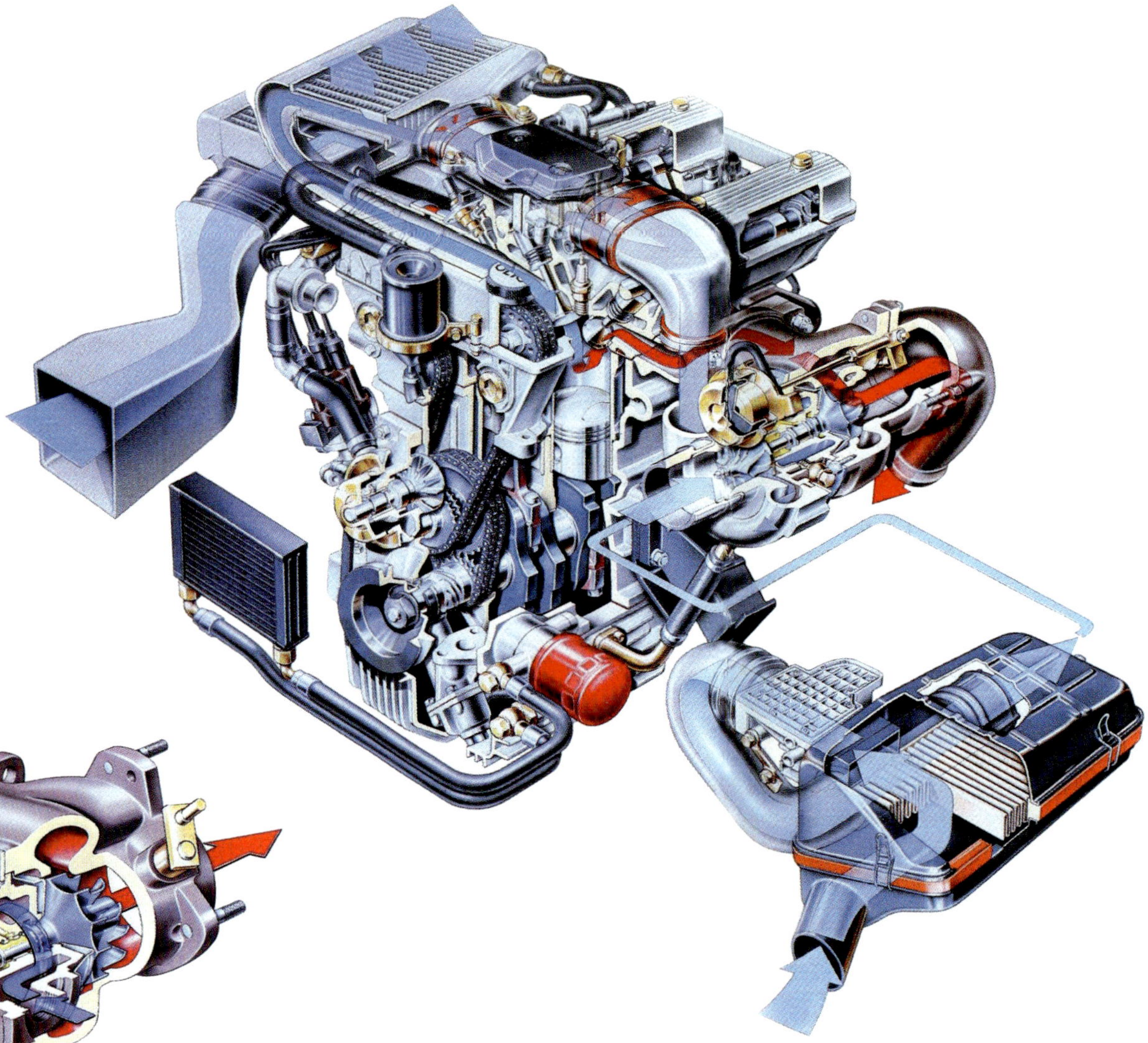

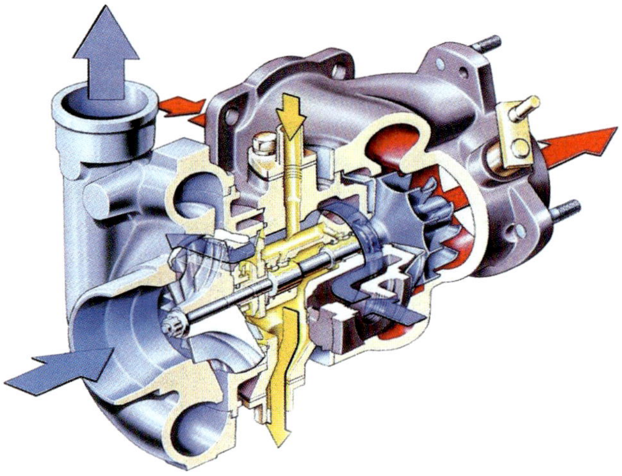

Auch das 1.8-I.E.-Turboaggregat war seinerzeit ein Meisterwerk der italienischen Motorenbaukunst. Durch die Leichtbauweise, das moderne Einspritzsystem, den groß dimensionierten Ladeluftkühler und die leistungsfähige wassergekühlte Turbine war dieses Triebwerk seiner Zeit voraus. Mit wenigen zusätzlichen Änderungen konnte es schnell auf mehr als 300 PS getrimmt werden. Ein separater Ölkühler sorgte für ausreichende Kühlung des Schmiermittels.

Schnitt durch den Zylinderkopf des Twin-Spark-Motors. Gut sichtbar sind die beiden Zündkerzen je Brennraum und das Auslassventil, das im Winkel von 46° zum Einlassventil montiert ist. Der Motorblock ist, wie der Zylinderkopf, aus Aluminium, was im Gegensatz zu einem herkömmlichen Graugussblock eine erhebliche Gewichtseinsparung bewirkt.

ALFA ROMEO

Der Innenraum

So wie die kompakte Linie des Alfa 75 mit ihrem klaren Keilprofil auf den ersten Blick den Charakter einer Sportlimousine nach bester Alfa Romeo-Tradition vermittelt, so zeigt auch der Innenraum den sportlichen Anspruch von Alfa Romeo. Designer und Konstrukteure haben ebenso sehr auf einen gewissen Komfort der Limousine geachtet wie auf die Ansprüche sportlich orientierter Fahrer, die das Potenzial des Wagens ausschöpfen und nicht bloß von A nach B unterwegs sein wollen.

Zentraler Bereich ist ganz klar das Cockpit, in dem Armaturentafel, Instrumentierung und Mittelkonsole harmonisch aufeinander abgestimmt sind. Dank der funktionellen Gestaltung ist die Übersichtlichkeit der Instrumente perfekt, was bei einem Sportwagen besonders wichtig ist. Die ergonomisch angeordneten Bedienungselemente sind für den Fahrer leicht und bequem zu erreichen, damit alle Konzentration der Straße gelten kann.

Die gut beleuchteten Instrumente sind zu logischen und kompakten Einheiten zusammengefasst. Sie sind leicht abzulesen und gewährleisten den nötigen Überblick. Der Armaturenträger birgt Drehzahlmesser und Tachometer sowie drei kleinere Uhren mit Kontrollleuchte für Treibstoffvorrat, Öldruck und Kühlmitteltemperatur. Dazu kommen Kilometerzähler und Tageskilometerzähler mit Nullsteller. Beim Alfa 75 Turbo kommt eine Anzeige für den Ladedruck hinzu.

Alle Bedienungselemente sind schnell, bequem und intuitiv erreichbar. Seitlich neben dem schicken Dreispeichenlenkrad, das in Höhe und Neigung einstellbar ist, sind die beiden Lenkstockhebel für Licht, Blinker und Scheibenwischer angeordnet. Die Schalter für Heckscheibenheizung, Warnblinker und Nebelscheinwerfer sowie Nebelschlussleuchten haben ihren Platz links und rechts der Anzeigentafel.

10. Auftragen des Primers:

Unter Verwendung von automatischen Apparaturen (elektrostatisch) wird der Polyurethan-Primer aufgetragen. Dies bewirkt eine vollkommene Gleichförmigkeit der Oberfläche und gewährleistet weiteren Schutz.

11. Einbrennen des Primers:

Durch erneute Hitzebehandlung im Ofen bei 145 – 155 °C werden die Steinschlagschutzschicht und der Primer eingebrannt.

12. Primer-Nachbehandlung:

Dabei handelt es sich um ein leichtes Schleifen mit Nassschleifpapier für den Fall, dass sich durch Staub oder Krusten kleine Irritationen gebildet haben.

13. Farbige Lacke:

Um absolute Staubfreiheit zu gewährleisten, tragen in einer mit Mikrostaubfiltern ausgestatteten Kabine zwei Automaten zwei Lackschichten auf. Der Boden unter dem Gitterrost wird mit Wasser abgespült, um den Lacknebel aufzufangen und zu beseitigen.

14. Metallic-Lacke:

Lacke mit Metaffekt werden auf die gleiche Weise aufgetragen. Die beiden Schichten Metallpigmentlack entsprechen bereits dem endgültigen Farbton. Der Klarlack wird mittels elektrostatischer Beschichtung aufgetragen.

15. Einbrennen der Lacke:

Die Decklacke werden im Ofen bei einer Temperatur zwischen 150 °C und 160 °C eingebrannt.

16. Endkontrolle:

Eine gründliche Qualitätskontrolle rundet das Verfahren ab, bevor noch eine Schutzschicht aus wachshaltigen Produkten mit automatischer Dosierung in die Innenbereiche und Hohlräume gesprüht wird.

Hinweis: Die Bilder auf dieser Doppelseite zeigen übrigens auch die Modelle Alfetta, GTV, 6 und Giulietta.

Die Ausstattungen
Diese Liste umfasst alle Ausstattungsmöglichkeiten inklusive aller erhältlichen Optionen, wobei nicht das gesamte Zubehör bei allen Versionen und in allen Ländern gleich umfassend im Angebot stand (alphabetisch geordnet).

Evoluzione Turbo: Gleiche Ausstattung wie beim normalen Turbo, jedoch ohne Option der Metallic-Lackierung. Der Evoluzione war nur in Rosso Alfa erhältlich.

• = serienmässig

o = Sonderausstattung

– = nicht verfügbar

Ausstattungen	1.6	1.6 I.E.	1.8	1.8 I.E.	1.8 Turbo
ABS (Antiblockiersystem)	–	o	–	o	–
Abschlepphaken	•	•	•	•	•
Abschließbarer Tankdeckel	–	•	–	•	•
Aerodynamische Seitenschürzen	–	–	–	–	–
Alfa Check-Control	•	•	•	•	•
Außenspiegel links, manuell verstellbar	•	•	•	•	•
Außenspiegel rechts, elektr. verstellbar	o	o	o	•	o
Autom. Sicherheitsgurte vo. & hi.	•	•	•	•	•
Beheizbare Heckscheibe	•	•	•	•	•
Colorverglasung, wärmedämmend	•	•	•	•	•
Deckenleuchte mit Zeitrelais	•	•	•	•	•
Digitaluhr	•	•	•	•	•
Elektrische Fensterheber vorne	•	•	•	•	•
Elektrisches Schiebe-/Hebedach	–	o	–	o	–
Elektronischer Drehzahlmesser	•	•	•	•	•
Elektronischer Tachometer	•	•	•	•	•
Frontspoiler	•	•	•	•	•
Halogenscheinwerfer	•	•	•	•	•
Haltegriffe	•	•	•	•	•
Handschuhfach	•	•	•	•	•
Heckspoiler	–	•	–	•	–
Katalysator	–	•	–	•	–
Kindersicherung in Türen hinten	•	•	•	•	•
Klimaanlage	–	o	–	o	o
Kofferraumbeleuchtung	•	•	•	•	•
Kofferraumöffner	•	•	•	•	•
Kopfstützen hinten, integriert	•	•	•	•	•
Kopfstützen vorne	•	•	•	•	•
Kotflügelverbreiterungen	–	–	–	–	•
Kraftstoffanzeige	•	•	•	•	•
Kühlwassertemperaturanzeige	•	•	•	•	•
Lederlenkrad	–	–	–	–	•
Ledersitze	–	–	–	–	–
Leichtmetallfelgen	–	–	–	–	•
Lenkrad axial und vertikal verstellbar	•	•	•	•	•
Lesespots	•	•	•	•	•
Liegesitze	•	•	•	•	•
Metallic-Lackierung	o	o	o	o	o
Motorraumbeleuchtung	•	•	•	•	•
Nebelscheinwerfer	o	o	o	o	o
Nebelschlussleuchten	•	•	•	•	•
Öldruckmanometer	•	•	•	•	•
Scheibenwischer zweistufig & Intervall	•	•	•	•	•
Scheinwerferwaschanlage	–	o	–	o	•
Schminkspiegel	•	•	•	•	•
Servolenkung	–	•	–	•	–
Sperrdifferenzial 25 %	–	–	–	–	•
Tripcomputer	–	–	–	–	–
Verstellbare Instrumentenbeleuchtung	•	•	•	•	•
Vorrüstung für Radio, Antenne & Lautsprecher	–	•	–	•	–
Warnblinkanlage	•	•	•	•	•
Windabweiser Seitenfenster vorne	o	o	o	o	–
Zentralverriegelung	•	•	•	•	•
Zigarettenanzünder	•	•	•	•	•

Ausstattungen	2.0	2.0 TS	2.0 TD	2.4 TD	2.5 QV	2.5 Milano	3.0 America	3.0 QV
ABS (Antiblockiersystem)	–	o	–	–	–	o	o	o
Abschlepphaken	•	•	•	•	•	•	•	•
Abschließbarer Tankdeckel	–	•	–	•	•	•	•	•
Aerodynamische Seitenschürzen	–	•	–	–	–	–	•	•
Alfa Check-Control	•	•	•	•	•	•	•	•
Außenspiegel links, manuell verstellbar	•	•	•	•	•	•	•	•
Außenspiegel rechts, elektr. verstellbar	o	o	o	o	o	•	o	•
Autom. Sicherheitsgurte vo. & hi.	•	•	•	•	•	•	•	•
Beheizbare Heckscheibe	•	•	•	•	•	•	•	•
Colorverglasung, wärmedämmend	•	•	•	•	•	•	•	•
Deckenleuchte mit Zeitrelais	•	•	•	•	•	•	•	•
Digitaluhr	•	•	•	•	•	•	•	•
Elektrische Fensterheber vorne	•	•	•	•	•	•	•	•
Elektrisches Schiebe-/Hebedach	–	o	–	o	–	–	o	o
Elektronischer Drehzahlmesser	•	•	•	•	•	•	•	•
Elektronischer Tachometer	•	•	•	•	•	•	•	•
Frontspoiler	•	•	•	•	•	•	•	•
Halogenscheinwerfer	•	•	•	•	•	•	•	•
Haltegriffe	•	•	•	•	•	•	•	•
Handschuhfach	•	•	•	•	•	•	•	•
Heckspoiler	–	•	–	•	–	–	•	•
Katalysator	–	•	–	–	–	•	•	•
Kindersicherung in Türen hinten	•	•	•	•	•	•	•	•
Klimaanlage	–	o	–	o	o	•	o	o
Kofferraumbeleuchtung	•	•	•	•	•	•	•	•
Kofferraumöffner	•	•	•	•	•	•	•	•
Kopfstützen hinten, integriert	•	•	•	•	•	•	•	•
Kopfstützen vorne	•	•	•	•	•	•	•	•
Kotflügelverbreiterungen	–	•	•	–	–	–	•	•
Kraftstoffanzeige	•	•	•	•	•	•	•	•
Kühlwassertemperaturanzeige	•	•	•	•	•	•	•	•
Lederlenkrad	–	–	–	–	•	•	•	•
Ledersitze	–	–	–	–	–	o	o	o
Leichtmetallfelgen	–	•	–	–	•	•	•	•
Lenkrad axial und vertikal verstellbar	•	•	•	•	•	•	•	•
Lesespots	•	•	•	•	•	•	•	•
Liegesitze	•	•	•	•	•	•	•	•
Metallic-Lackierung	o	o	o	o	o	o	o	o
Motorraumbeleuchtung	•	•	•	•	•	•	•	•
Nebelscheinwerfer	o	o	o	o	o	•	o	o
Nebelschlussleuchten	•	•	•	•	•	•	•	•
Öldruckmanometer	•	•	•	•	•	•	•	•
Scheibenwischer zweistufig & Intervall	•	•	•	•	•	•	•	•
Scheinwerferwaschanlage	–	•	–	o	•	•	o	o
Schminkspiegel	•	•	•	•	•	•	•	•
Servolenkung	•	•	•	•	•	–	•	•
Sperrdifferenzial 25 %	–	–	–	–	–	•	•	•
Tripcomputer	•	–	–	–	•	–	–	–
Verstellbare Instrumentenbeleuchtung	•	•	•	•	•	•	•	•
Vorrüstung für Radio, Antenne & Lautsprecher	–	•	–	•	–	–	•	•
Warnblinkanlage	•	•	•	•	•	•	•	•
Windabweiser Seitenfenster vorne	o	•	–	–	–	–	•	•
Zentralverriegelung	•	•	•	•	•	•	•	•
Zigarettenanzünder	•	•	•	•	•	•	•	•

PIRELLI

5 Alfa 75 im Rennsport

Der Alfa Romeo 75 Turbo Evoluzione IMSA. Mit diesem 380 PS starken Rennwagen gewann Alfa Corse 1988 und 1989 zweimal in Folge den prestigeträchtigen Giro d'Italia für Automobile.

5 Alfa 75 im Rennsport

Alfetta 159, Formel-1-Weltmeister 1951

Motorsport hat bei Alfa Romeo eine lange Tradition. Ab 1911 – im Jahr nach der Produktion des ersten A.L.F.A. – taucht der Name der faszinierenden Wagen aus Mailand in den Siegerlisten aller erdenklichen Motorsportveranstaltungen auf. In der Erfolgsbilanz können die Mailänder insgesamt fünf WM-Titel, zahllose Europameisterschafts- und Tourenwagengewinne und nationale Titel in kaum mehr nachvollziehbarer Zahl verbuchen.

Neben dem zweifachen Formel-1-Weltmeistertitel mit Alfetta 158 und 159 in den Jahren 1950 und 1951 trugen die Erfolge, die Alfa Romeo im Tourenwagensport errang, einen großen Teil zum sportlichen Image der Fahrzeuge mit dem „Cuore Sportivo" bei. In den vergangenen 30 Jahren hat Alfa Romeo einige weitere wichtige Erfolge eingefahren.

Die jüngsten sportlichen Triumphe wurden mit dem mehrfachen Meisterauto Alfa 156 gefeiert. Die europäische Tourenwagen-Meisterschaft ETCC (European Touring Car Championship) gewann er ebenso souverän wie die anschließende Weltmeisterschaft WTCC (World Touring Car Championship) gegen namhafte deutsche Konkurrenten wie BMW, Audi, Opel & Co.

Mit dem Alfa Romeo 75 konnten ebenfalls einige prestigeträchtige Titel mit großen Fahrern auf traditionsreichen Strecken gewonnen werden. Alfa 75 waren in der Tourenwagen-Weltmeisterschaft, in der Deutschen Tourenwagen Meisterschaft (DTM) und der italienischen Meisterschaft Campionato Italiano Velocità Turismo (CIVT) ebenso unterwegs wie beim Giro d'Italia nach dem Reglement der International Motor Sport Association (IMSA) sowie bei weiteren nationalen Wettbewerben und zahlreichen Rallyes.

Heute setzen ihn nur noch wenigen Privatteams und Fahrer gelegentlich ein. Die Werks-75er stehen in Privatsammlungen und Museen. Eine Ausnahme bildet die „Alfa Romeo Challenge" (ARC) in den Niederlanden, eine eigene Meisterschaft für Alfa-Romeo-Old- und Youngtimer und für Alfisti eine durchaus empfehlenswerte Rennserie, auch nur als Zuschauer.

Ganz oben: Das Siegerfahrzeug von 1989 steht im Werksmuseum in Arese. (Foto: Michael Ward)

Oben: Das Logo vom Werksrennstall Alfa Corse. Auch heute noch ist das vierblättrige Kleeblatt auf vielen Neuwagen der Marke angebracht, jedoch ohne Schriftzug.

Links: Diverse Rennversionen des Alfa 75 in Aktion

Erster „Evoluzione" Prototyp von Imberti & Cimarosti (Projektname TCC)

Tourenwagen-Weltmeisterschaft

Als Anfang der achtziger Jahre der Tourenwagensport seine Renaissance erlebte, war auch Alfa Romeo mit von der Partie. So erfreuten sich Tourenwagen nach einer sämtliche Rennsportkategorien betreffenden Umstrukturierung der FIA, dem Weltdachverband des Automobilsports, einer rapide wachsenden Fangemeinde.

Zunächst waren in der Europameisterschaft die schnellen und sehr erfolgreichen Coupés GTV6 (vier EM-Titel in Folge) unterwegs, danach in den verschiedenen Meisterschaften von der DTM bis zur WM die neu entwickelten Renntourenwagen auf Basis des neuen Alfa 75. Unter dem kantigen, keilförmigen Blechkleid sehr deutlich mit dem GTV6-Rennwagen verwandt, erhielt der Alfa 75 seine Kraft nun nicht mehr von einem V6, sondern von einem aufgeladenen Reihenvierzylinder.

Alfa Romeo beteiligte sich anfangs werksseitig vor allem in der Gruppe A der Tourenwagen-Weltmeisterschaft. Der Werksrennstall trug nun wieder den glorreichen Namen „Alfa Corse", und als Sportgerät diente der sehr ausbaufähige Alfa 75 Turbo mit dem altbekannten Alu-Vierzylinder mit annähernd 1,8 Litern Hubraum und Ladeluftkühlung.

Während sich die erste Homologationsausführung des 75 1.8 Turbo noch im serienmäßigen Kleid seiner zahmeren Brüder zeigte, wurde für die Rennstrecke schließlich ein Sportgerät mit leicht veränderter Optik und Aerodynamik entwickelt. Die Gruppe-A-Gesetzgebung gestattete technische, optische und aerodynamische Modifikationen nach einer Produktion von 500 Evolutionsmodellen der homologierten Grundversion. So zeigte Alfa Romeo auf den Automobilsalons in Genf und Brüssel im Frühjahr 1986 einen Versuchsprototypen mit dem Kürzel TCC, der vorwegnahm, was wenig später als Alfa 75 Turbo Evoluzione erscheinen sollte.

Der Prototyp mit rundum ausladenden Schürzen und Heckspoiler war das Werk zweier schon aus GTV6-

Oben: Das Endergebnis des „Evoluzione" aus dem werkseigenen Designstudio „Centro Stile Alfa Romeo"

Das Aggregat des Evoluzione weist in der Straßenversion verhältnismäßig „zahme" 155 PS auf.

Das Cockpit wurde mit einem Momo-Sportkenkrad ausgestattet.

Zeiten bekannter Tuner. Die beiden maßgeblich am viermaligen EM-Titelgewinn der Alfetta-Coupés beteiligten Italiener Elio Imberti aus Cavernago (Bergamo) und Luigi Cimarosti aus Comblain-au-Pont (Belgien) versahen das knapp 300 PS starke feuerrote Rennmobil mit einem großen KKK-Turbolader vom Typ 30/26 anstelle des serienmäßigen Garrett-Bauteils sowie mit zwei Ladeluftkühlern.

Verzögert wurde der auf spürbar unter 1000 Kilogramm erleichterte 75er mit großen innenbelüfteten Lockheed-Scheibenbremsen an allen vier Rädern. Das auf Höchstleistung abgestimmte Fahrwerk wurde mit Bilstein-Stoßdämpfern und Pirelli-Bereifung P7-Corsa im 16-Zoll-Format ausgerüstet.

Wenig später stellte Alfa Romeo dann allerdings sein eigenes Sportmodell des Alfa 75 vor. Optisch wusste der hauseigene Evoluzione dann auch besser zu gefallen als der Prototyp, obwohl beide ähnliche Seitenschürzen zierten.

Prototyp 1987	75 TCC Gr. A
Zylinderzahl	4
Zylinderanordnung	in Reihe vorne längs
Bohrung x Hub (mm)	79,9 x 88,5
Hubraum (cm³)	1779
Max. Leistung (PS) bei U/min	300 bei 6300
Max. Drehmoment (Nm) bei U/min	315 bei 5000
Leistungsgewicht (kg/PS)	3,20
Steuerung	2 obenliegende Nockenwellen mit Kettenantrieb
Kraftstoffaufbereitung	LE2-Jetronic (Bosch) wassergekühlter KKK Turbolader 30/26 mit Ladeluftkühler max. Ladedruck 1,8 Bar
Zündung	elektronische, kontaktlose Zündung (Bosch)
Antrieb	auf die Hinterräder in Transaxle-Bauweise, dreifach gelagerte Kardanwelle mit Hardyscheiben, automatisches Sperrdifferenzial, geradeverzahntes Fünfganggetriebe plus R-Gang
Felgen	8.5 x 16 Zoll Canonica Rennfelgen
Bereifung	Pirelli P7 Corsa 240/40-16
Lenkung	Zahnstangenlenkung
Vorderradaufhängung	Einzelradaufhängung mit Trapez-Dreiecksquerlenkern, Drehstabfedern, Bilstein Teleskopstoßdämpfern und Querstabilisator
Hinterradaufhängung	DeDion-Achse mit Zugstreben, Wattgestänge, Schraubenfedern, Bilstein Teleskopstoßdämpfern und Querstabilisator
Länge (mm)	4330
Breite (mm)	1678
Höhe (mm)	1300
Radstand (mm)	2510
Spurweite vorne (mm)	1395
Spurweite hinten (mm)	1380
Kraftstofftank (l)	100
Gewicht fahrbereit (kg)	960
Höchstgeschwindigkeit (km/h)	250

Front- und Heckstoßstangen sowie die formschönen Kotflügelverbreiterungen, unter denen der Evoluzione bis zu 10 Zoll breite Räder unterbringt, waren jedoch passender und stehen dem Alfa 75 hervorragend.

Außerdem entfiel der Spoiler auf dem Kofferraumdeckel, der beim Prototypen TCC noch vorhanden war. Für Enrico Alviano, verantwortlicher Ingenieur für die Tourenwageneinsätze bei Alfa Corse, bedeutete der Aerodynamik-Kit die wichtigste Verbesserung, wurde damit doch bei gleicher Motorleistung eine um 11 km/h höhere Endgeschwindigkeit gemessen.

Erstmals fuhren die Alfa 75 Turbo Evoluzione, deren Karosserien fast auf der Straße zu schleifen schienen, 1987 in der neu ausgeschriebenen Tourenwagen-Weltmeisterschaft. Sie ging aus der damaligen Tourenwagen-Europameisterschaft hervor, da Alfa Romeo, BMW,

Der Gruppe-A-Prototyp des Alfa 75 mit dem Kürzel TCC wurde von Luigi Cimarosti und Elio Imberti konzipiert. Das 300 PS starke Vorgängermodel vom Evoluzione kam in dieser Ausführung jedoch nie zum Einsatz. Interessante Details sind die 3-teiligen Canonica-Rennfelgen und der spezielle Heckflügel.

Oben der Turbo Evoluzione in Monza, unten Enrico Alviano, Chefingenieur Alfa Corse

Ford, Jaguar, Holden, Rover, Maserati und weitere Hersteller für derart attraktive Startfelder sorgten, dass die Tourenwagen-EM mit dem WM-Prädikat belohnt wurde. Allerdings wurde die WM dann nur einmal ausgetragen. Diverse Disqualifikationen überschatteten die Saison. So sorgten unzulässige Elektronik bei Ford und zu dünner Unterboden bei BMW für Ärger, und prompt war die Serie wieder zu einer Europameisterschaft degradiert.

Die Meisterschaft begann am 22. März und endete am 15. November 1987 nach elf Rennen, die mit Fahrerwechsel jeweils über 500 km gingen. Ausgetragen wurden die Rennen in Monza, Jarama, Dijon, auf dem Nürburgring, in Spa, Brno, Silverstone, Bathurst, Calder, Wellington und Fuji. An der Meisterschaft nahmen wirksam nur 15 Autos der Hersteller BMW (4), Alfa Romeo (7, davon 6 Alfa 75 und 1 Alfa 33), Ford (3) und Maserati (1) teil. Die vielen weiteren Starter im Teilnehmerfeld sorgten zwar für spektakuläre Rennen, erhielten aber weder Punkte noch Preisgelder, da die Fahrzeuge nicht von der FIA für die WM lizensiert waren.

Am Steuer der roten Werks-75er saßen unter anderem Jacques Laffite, Giorgio Francia, Riccardo Patrese, Jean-Louis Schlesser, Paolo Barilla, Nicola Larini, Mario Andretti und Alessandro Nannini. Chef der Rennabteilung Alfa Corse war der frühere Lancia-Rallyespezialist Giorgio Pianta, der die Formel-1-Aktivitäten koordinierte, die privaten Teams in der Tourenwagen-WM betreute und bis zum Ende der erfolgreichen DTM- und ITC-Zeiten mit dem Alfa 155 Sportchef bei Alfa Corse blieb.

Neben den drei Werkswagen nahmen zwei Evoluzione vom Team Brixia-Corse teil, die Carlo Rossi, Alessandro Santin, Rinaldo Drovandi und Gabriele Tarquini pilotierten, sowie ein Wagen von Albatech mit Walter Voulaz und Marcello Cipriani. Zudem fuhren in der Klasse der nicht homologierten Fahrzeuge einige „normale“ 75 Turbo von Privatteams, darunter Thomas Lindström und Mikael Naebrink von Q Racing und zwei Wagen von Dixi Sport mit Bernhard Santal, Ferdinand de Lesseps und Gerard Fevrot mit Bruno di Gioia. Weitere Farbe ins Feld brachten Volvo, Mitsubishi, Toyota, Honda und Nissan.

Der erste fertige Alfa 75 Evoluzione mit der neuen Rundumverspoilerung. Bevor die offizielle „Kriegsbemalung“ angebracht wurde, trug er noch weniger auffällige Alfa-Romeo- und Pirelli Aufkleber.

Unten links: Neben den aerodynamischen Anbauteilen wurden beim Gruppe A Evoluzione ein 110 Liter großer Sicherheitstank und ein Stahlrohr-Käfig verbaut. Die hinteren Bremsen wurden mit einer Spezialkonstruktion nach außen verlegt, damit eine allfällige Reparatur schneller erledigt werden konnte.

Unten rechts: Alfa Corse Techniker bei der Entwicklung und Testarbeit zum werkseigenen Evoluzione Model. Bevor der endgültige Aerodynamik-Kit entworfen wurde, mussten die Testfahrzeuge für die Tracktests noch mit den Serienstoßstangen ausgestattet werden.

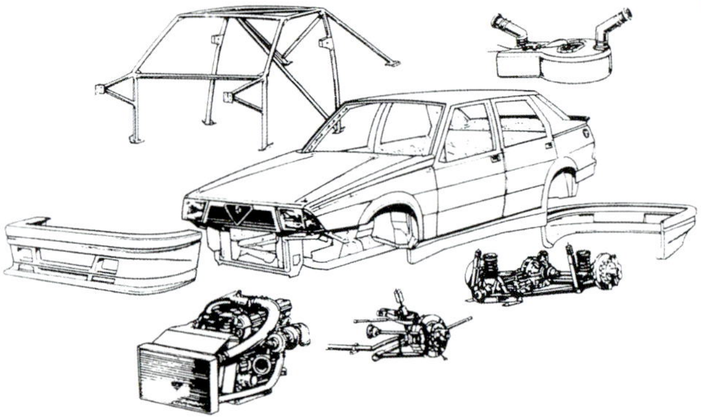

Oben: Bei den finalen Testfahrten war der Evoluzione noch ohne Startnummer und ohne Beschriftung der Pilotennamen unterwegs.

Links: Einige Impressionen aus der ereignisreichen Tourenwagengeschichte des Alfa Romeo 75.

Oben: Gewollt oder nur ein Zufall? Das Fahrzeug von Nannini und Andretti hatte die Startnummer 75.

Unten: Der zweite Werkswagen von Barilla und Francia trug hingegen die Nummer 76.

Sieger dieser Weltmeisterschaft wurde der italienische BMW-M3-Fahrer Roberto Ravaglia vom Schnitzer-Motorsport-Team mit einem Zähler Vorsprung vor den punktgleichen deutschen Ford-Fahrern Klaus Ludwig und Klaus Niedzwiedz. Die Alfa 75 Turbo Evoluzione erwiesen sich in ihrer Division der Tourenwagen-WM zwar als überaus konkurrenzfähig, mussten sich aber in der Schlacht um den Gesamtsieg geschlagen geben, auch wenn es beim Zieleinlauf mitunter sehr knapp zuging.

Dank eines verstärkten Zylinderkopfes wurde der Motor mit den 1,5 bar Ladedruck gut fertig – so sorgte im Rennen auch nicht er, sondern vielmehr der wassergekühlte Garrett-T3-Turbolader oft für Probleme. Enrico Alviano meinte seinerzeit: „Der Lader ist für das Serienauto genau richtig dimensioniert, aber für den Rennmotor einfach zu klein. Deshalb läuft die Turbine fast immer an ihrem Drehzahllimit und ist entsprechend anfällig."

Probleme bereiteten vor allem abrupte Drehzahlsprünge. Bei einigen Ladern brachen im Rennen die Turbinenwellen. Genau diese Schäden wollte man beim Evoluzione eigentlich ausgemerzt haben. Dazu konstruierte die Rennabteilung Alfa Corse eigens einen zweiflutigen Auspuffkrümmer für besseres Ansprechverhalten. Zusätzlich ließen sich die Ingenieure ein komplett neues Ansaugsystem einfallen, bei dem der Ladeluftkühler nun hinter statt neben dem Wasserkühler saß.

Oben links: Die vier Werkspiloten Paolo Barilla, Giorgio Francia, Michael Andretti und Alessandro Nannini

Oben rechts: Im Zeitalter vor dem Boxenfunk. Ein Teammechaniker zeigt Nicola Larini von der Boxenmauer aus die Rundenzeit.

Mitte links: Giorgio Francia, mit Vollgas durch die Schikane

Mitte rechts und unten: Zwei Rennfahrerlegenden im Einsatz für Alfa Romeo: Michael Andretti und Alessandro Nannini

Alfa Romeo kämpfte aber wie jeder Neuling zuvor in der geladenen Renngesellschaft weiter mit den Tücken der Technik, und die Motorleistung ließ sich im Interesse der Gesundheit des Laders nicht über 280 PS steigern. Das waren immer noch gut 20 PS weniger als beim Hauptkonkurrenten BMW M3, dem der Alfa 75 Evo mit dem turbotypisch trägen Ansprechverhalten unterlegen war.

Da auch das Fahrwerk trotz mittlerweile verstärkter vorderer Tragarme, höhenverstellbarer Drehstabfedern und Radträgern aus Alu noch nicht recht befriedigte, wollte Enrico Alviano bis Juli 1987 eine komplett neue Vorderradaufhängung mit Schraubenfedern und eine einstellbare DeDion-Hinterachse nachhomologieren.

Oben links: Der Alfa Corse Werks-Evoluzione von Nannini, Francia und Schlesser bei der Nachtfahrt im 24-Stunden Rennen von Spa-Francorchamps.

Oben rechts: Im weißen Wagen vom Team Albatech lösten einander Walter Voulaz und Marcello Cipriani am Steuer ab.

Mitte rechts: Vier Protagonisten der Tourenwagen-Weltmeisterschaft 1987: Paolo Barilla, Giorgio Francia, Giorgio Pianta und Jacques Laffite

Unten rechts: Momentaufnahme in der Tourenwagen-WM 1987 mit zwei Alfa Romeo 75 Turbo Evoluzione. Vorne der Wagen von Laffite, Barilla und Larini, dahinter der Wagen von Nannini, Francia und Schlesser

Neue 17-Zoll-Räder sollten größeren und besser wirkenden Bremsen Platz schaffen, und Garrett sollte bis dahin mit der neuen Turbine vom Typ T3 die Turboprobleme gelöst haben. Das Ansprechverhalten ließ sich erheblich verbessern.

Im längsten Wettkampf der Saison, dem 24-Stunden-Rennen 1987 im belgischen Spa-Francorchamps, gewann Alfa Romeo mit den 75 Turbo Evoluzione den Königspokal für den Hersteller, der die meisten Wagen ins Ziel brachte. Bei den 500 Kilometern von Silverstone erreichten Francia/Schlesser das Ziel auf dem dritten Gesamtrang mit nur 30 Sekunden Rückstand auf den Sieger.

Trotz des spürbaren Aufwärtstrends entschloss sich Alfa Romeo nach dem Rennen in Silverstone – in der Mitte der Saison und für viele Beteiligte unerwartet – zum Abbruch der Teilnahme an der Tourenwagen-WM. Das lag allerdings vor allem daran, dass die FIA eine neue Rennserie angekündigt hatte: eine Marken-WM namens ProCar (Production Car Series) für optisch serienmäßige Tourenwagen mit Formel-1-Technologie. In der Gruppe S (für Silhouette) konzentrierte sich Alfa Romeo mit dem Alfa 164 auf diese Herausforderung. Ein vergeblicher Kraftakt zu Ungunsten der Weiterentwicklung der Alfa 75 Evoluzione, denn wie sich später herausstellte, war Alfa Romeo als einziges Werk bereit, in die ProCar zu investieren.

Tourenwagen-WM 1987 Starterfeld	Team	22.03. Monza 41 Fahrzeuge	19.04. Jarama 34 Fahrzeuge	10.05. Dijon 37 Fahrzeuge	12.07. Nürburgring 38 Fahrzeuge	01.08. Spa 61 Fahrzeuge	16.08. Brno 36 Fahrzeuge	06.09. Silverstone 35 Fahrzeuge	04.10. Bathurst 48 Fahrzeuge	11.10. Calder 32 Fahrzeuge	26.10. Wellington 38 Fahrzeuge	15.11. Fuji 46 Fahrzeuge
Nannini/Andretti	Alfa Corse	16	K	K	K	K	K	K	R	R	R	R
Nannini/Francia/Schlesser	Alfa Corse	K	K	K	K	22	K	K	R	R	R	R
Larini/Francia	Alfa Corse	K	K	K	K	K	A	3	R	R	R	R
Francia/Barilla	Alfa Corse	A	A	K	K	K	K	K	R	R	R	R
Francia/Schlesser	Alfa Corse	K	K	8	10	K	K	K	R	R	R	R
Laffite/Nannini	Alfa Corse	K	17	9	K	K	K	K	R	R	R	R
Laffite/Barilla	Alfa Corse	K	K	K	9	12	10	10	R	R	R	R
Voulaz/Cipriani	Albatech	7	11	16	A	16	12	18	R	R	R	R
Rossi/Santin	Brixia Corse	11	A	12	12	A	9	5	R	R	R	R
Drovandi/Tarquini	Brixia Corse	A	A	K	11	11	17	A	R	R	R	R
Drovandi/Langes	Brixia Corse	K	K	11	K	K	K	K	R	R	R	R
Lindström/Naebrink	Q-Racing	A	16	29	19	A	6	A	R	R	R	R
Fevrot/Di Gioia	Dixi Sport	20	13	21	K	K	K	K	R	R	R	R
Santal/De Lesseps	Dixi Sport	K	10	K	K	K	K	K	R	R	R	R
Santal/Dellavalle	Dixi Sport	K	K	28	K	K	K	K	R	R	R	R
Cremer/Curti	Privat	K	K	K	K	17	K	K	R	R	R	R
Bond/Cesario	Privat	K	K	K	K	K	K	K	A	K	K	K

Die Liste zeigt die Platzierung je Rennen an. A = Ausfall K = keine Teilnahme R = Rückzug

Je nach Rennen wurden die Teams in den Rennwagen aus verschienden Piloten zusammengesetzt. Für Alfa Corse, Brixia Corse und Dixi-Sport waren jeweils nur zwei Autos im Einsatz. Für die Punkteverteilung wurden aus Lizenzgründen allerdings nur die Alfas von Alfa Corse, Brixia Corse und Albatech berücksichtigt.

Oben links: Die beiden Werksalfas von Nannini/Andretti und Barilla/Francia vor dem restlichen Feld. Am Ende resultierte jedoch nur eine einzige Top-3-Klassierung.

Oben rechts: Die beste Platzierung eines Brixia-Corse-Alfas erreichten Santin und Rossi in Silverstone mit dem 5. Schlussrang.

Unten: Alfa Romeo 164 Procar V10

Oben: Zur Unterstützung für die Werkswagen von Alfa Corse fuhren auch zwei Mannschaften von Brixia Corse und eine von Albatech. Die Rennautos waren in technischer Hinsicht identisch mit den roten Werksrennwagen.

Rechts: Der Wagen von Paolo Barilla und Giorgio Francia

Unten: Der Arbeitsplatz der Alfa-Corse-Piloten

Tourenwagen-WM 1987	75 Turbo Evoluzione
Zylinderzahl	4
Zylinderanordnung	in Reihe vorne längs
Bohrung x Hub (mm)	79,6 x 88,5
Hubraum (cm³)	1762
Max. Leistung (PS) bei U/min	280 bei 6200
Max. Drehmoment (Nm) bei U/min	320 bei 5000
Leistungsgewicht (kg/PS)	3,43
Steuerung	2 obenliegende Nockenwellen mit Kettenantrieb
Kraftstoffaufbereitung	LE2-Jetronic (Bosch) wassergekühlter Garrett AiResearch T3 Turbolader mit Ladeluftkühler max. Ladedruck 1,7 Bar
Zündung	elektronische, kontaktlose Zündung (Bosch)
Antrieb	auf die Hinterräder in Transaxle-Bauweise, dreifach gelagerte Kardanwelle mit Hardyscheiben, automatisches Sperrdifferenzial, geradeverzahntes Fünfganggetriebe plus R-Gang
Felgen	8.75 x 16 Zoll Speedline Rennfelgen
Bereifung	Pirelli P7 Corsa 240/40 + 245/45-16
Lenkung	Zahnstangenlenkung
Vorderradaufhängung	Einzelradaufhängung mit Trapez-Dreiecksquerlenkern, Drehstabfedern, Bilstein Teleskopstoßdämpfern und Querstabilisator
Hinterradaufhängung	DeDion-Achse mit Zugstreben, Wattgestänge, Schraubenfedern, Bilstein Teleskopstoßdämpfern und Querstabilisator
Länge (mm)	4330
Breite (mm)	1678
Höhe (mm)	1300
Radstand (mm)	2510
Spurweite vorne (mm)	1395
Spurweite hinten (mm)	1390
Kraftstofftank (l)	110
Gewicht fahrbereit (kg)	960
Höchstgeschwindigkeit (km/h)	250

Von oben: Der Sponsor von Brixia Corse, „Armi Beretta“, ist eine bekannte italienische Waffenfirma.

Die beiden Boliden von Brixia Corse sind für den Einsatz bereit.

Wartungsarbeiten am Wagen von Francia und Schlesser während einer Rennpause.

Das Alfa-Romeo-Werksteam war schon 1987 gut ausgerüstet. Während die Rennwagen in Iveco-Trucks zu den Rennstrecken transportiert wurden, gelangte das Team gemeinsam im Mannschaftsbus in die Fahrerlager der jeweiligen Circuits.

Deutsche Tourenwagen Meisterschaft (DTM)

In der klassenlosen Deutschen Tourenwagen-Meisterschaft (DTM) gab der Alfa Romeo 75 Turbo Evoluzione ebenfalls ein Gastspiel. In der Saison 1987 pilotierte kein Geringerer als der Champion von 1986 einen schneeweißen Alfa 75 Evoluzione, anfangs der einzige Alfa Romeo im ganzen Starterfeld, in dem zahlreiche BMW M3, Mercedes 190 E, Ford Sierra XR4Ti über Volvo 240 Turbo bis BMW 635 CSi zu den Hauptkonkurrenten zählten: Kurt Thiim.

Der Däne konnte nach seinem Meistertitel, den er mit einem Rover Vitesse 1986 eingefahren hatte, für die Saison 1987 als Pilot gewonnen werden. Kein Wunder, war doch die Mannschaft des unter dem Kürzel ATN agierenden Nickel-Privat-Teams dieselbe, die im Vorjahr das Meisterfahrzeug präpariert hatte.

Leider verlief die Saison trotz allem nicht so erfolgreich wie erhofft. Der Alfa war erst im zweiten Rennen „Bergischer Löwe“ in Zolder einsatzbereit und erreichte zwar einen vielversprechenden 8. Platz – das aber blieb dann auch das beste Ergebnis der ganzen Saison.

Auf dem Norisring belegte Thiim noch Platz 10, aber im Gesamtklassement vermochte er sich mit dem Alfa 75 Turbo Evoluzione schlussendlich nur auf Platz 21 von 38 Teilnehmern zu platzieren. Probleme machten das Fahrwerk, das immer wieder modifiziert wurde, und vor allem der zu schwache Motor. Trotz 282 PS bei 5900/min war das Triebwerk im Original-Werkstrimm noch nicht konkurrenzfähig.

Das Team um Frieder Nickel war anfangs noch zu sehr

LA CRONACA/A BIASION IL MAGGIOR NUMERO DI SPECIALI

ALFA IMBATTIBILI

I piloti delle 75 Turbo si sono dati battaglia senza giochi di squadra: ne ha guadagnato lo spettacolo con frequenti corpo a corpo fra Patrese, Nannini e Larini. Ottimo Zanussi su strada

TORINO — Al Museo dell'Automobile di Torino c'è tantissima gente che vuole salutare i 48 partecipanti al 9. Giro d'Italia. Naturalmente i più festeggiati sono i pupilli Biasion e Cerrato. E sono proprio loro a giocarsi le prime posizioni nella prova d'apertura. L'Alfa 75 Turbo Imsa del novello campione del mondo rally, Biasion, precede di 10" la vettura gemella di Cerrato. A 21" c'è la Bmw di Zanussi che a sua volta sopravanza di 11" la terza Alfa 75 Turbo Imsa, quella del francese Loubet. Quinto è il belga Duez con l'altra Bmw Prodrive. In questa prova, alle porte di Biella, con la nebbia che la fa da padrona, Spinelli con la Lancia Rally (1. di gr. B) è sesta. L'aostano Bettanin con la Bmw M3 Gr. N, si piazza alle sue spalle ed ottiene la leadership delle vetture produzione. Per il «pistaiolo» Brand la nebbia non è l'unico handicap. Infatti fora l'anteriore destro e conclude al 45. posto con la sua Lancia Rally. Solo il regolamento particolare della gara tiene ancora in gara Benedini e Pansini fermi, il primo per capotamento, il secondo per noie meccaniche. Nel trasferimento tra la prima e seconda prova scompare la nebbia. Ma siccome il diavolo fa le pentole e non i coperchi alle porte di Alba c'è nuovamente un «muro» e visibilità zero. Tuttavia Biasion ottiene un tempo incredibilmente basso, viste le avverse condizioni atmosferiche. Per i primi cinque in ogni cosa si confermano le posizioni della prova precedente: Cerrato, Zanussi, Loubet e Duez, che lamenta però problemi di assetto. Spinelli consolida la sua posizione in Gruppo B, mentre Tognana con la Sierra Cosworth è primo tra i Gr. N. A Varzi, dove si disputa la terza ps. su strada, sul percorso reso famoso dal «4 Regioni», Cerrato ha un guizzo. Precede di 10" Loubet, mentre Biasion è alle loro spalle con 11" di distacco. Questo risultato riduce lo svantaggio che il pilota piemontese ha sul veneto che lamenta problemi di surriscaldamento a 2". Zanussi a sua volta è sempre davanti al compagno belga. Prima della prova a sua volta è nell'autodromo di Varano. Spinelli è primo dei gruppi B, mentre Bettanin precede Tognana e Graziano Rossi in Gruppo N. Inizia a albeggiare quando i primi entrano con le loro vetture nel parco chiuso dell'autodromo Riccardo Paletti di Varano. In pole position parte Patrese capoclassifica, affiancato in prima fila dal compagno Larini. Rispettivamente hanno rilevato le vetture di Biasion e Cerrato. Alle loro spalle la Bmw di Cecotto (Zanussi) con a fianco Nannini (Loubet). In terza fila Duez e Spinelli che mantengono il loro volante. In quarta fila i protagonisti delle vetture produzione: Stohr (Bmw di Bettanin) e Schön (Sierra di Tognana). Con un balzo Nannini supera tutti e si porta in testa dopo la prima tornata. Spinelli è alle sue spalle ma ben presto lascia la posizione: problemi di temperatura dell'acqua e difficoltà con i pneumatici lo mettono in crisi. La bandiera a scacchi vede primo Nannini, seguito da Patrese che lamenta gli stessi problemi di Biasion e un leggero sottosterzo dovuto a una non perfetta bilanciatura dei pesi della sua vettura e poi Larini. L'accensione di una spia ha consigliato il giovane toscano a tirar su il piede. Il sorprendente Spinelli è quarto davanti a Cecotto che precede Duez. In Gruppo N Schön precede Sthor. La seconda batteria è appannaggio di uno scatenato Noberasco davanti a Tortora (Bmw di Zambetti preparata da Trivellato). Nella terza batteria Vezza (Lancia Rally) non riesce a imporsi su Cuccirelli (Bmw), ma conquista posizioni importanti. Quando

Nell'altra pagina, Zanussi con la Bmw M3 ha finito quarto, vincendo il Gr. A e ha rifilato quattro minuti a Duez (sopra, Photo4) quinto. A sinistra, Nannini terzo con la 75 Turbo (Photo4). Sotto, Biasion e Siviero festeggiano la vittoria (Studio 83)

Oben links: Alfa imbattibili – Alfa unschlagbar, titelte die italienische Fachpresse über den erfolgreichen Einsatz von Alfa Romeo im 10. Giro d'Italia 1989. Keine Übertreibung, machten doch sechs Alfa 75 die vorderen Plätze unter sich aus.

Oben rechts: Larini und Biasion auf einem der zahlreichen Rallyeabschnitte.

Mitte: Siegerehrung des 10. Giro d'Italia 1989 mit Giorgio Francia, Giorgio Pianta, Dario Cerrato und Giuseppe Cerri

Unten links: Nicola Larini kurz vor dem Start

Unten rechts: Reparaturpause zwischen den Läufen

Schlussrangliste 1988 Giro d'Italia Automobilistico (16.11.–20.11.1988)

Rang	Fahrer	Fahrzeug
1.	Patrese-Biasion-Siviero	Alfa Romeo 75 Turbo Evo IMSA
2.	Larini-Cerrato-Cerri	Alfa Romeo 75 Turbo Evo IMSA
3.	Nannini-Loubet-Andriè	Alfa Romeo 75 Turbo Evo IMSA
4.	Zanussi-Cecotto-Amati	BMW M3
5.	Duez-Thimonier	BMW M3
6.	Verini-Noberasco-Dassù	Lancia 037
7.	Spinelli-Gatti	Lancia 037
8.	Soli-Banderini-Partesotti	Alfa Romeo 75 Turbo
9.	Bettanin-Stohr-Scala	BMW M3
10.	Cuccirelli-Buscone-Caliro	BMW M3

Schlussrangliste 1989 Giro d'Italia Automobilistico (14.11.–19.11.1989)

Rang	Fahrer	Fahrzeug
1.	Francia-Cerrato-Cerri	Alfa Romeo 75 Turbo Evo IMSA
2.	Larini-Biasion-Siviero	Alfa Romeo 75 Turbo Evo IMSA
3.	D'Amore-Noberasco-Cianci	Alfa Romeo 75 Turbo
4.	Guerrero-Loubet-Andriè	Alfa Romeo 75 Turbo Evo IMSA
5.	Corsini-Tabaton-Tedeschini	Alfa Romeo 75 Turbo
6.	Cipolli-Rabino-Rossi	Alfa Romeo 75 Turbo
7.	Pigoli-Vita-Nicoli	BMW M3
8.	Casalboni-D'Alessio-Druidi	Ford Sierra Cosworth
9.	Immovilli-Zobbi-Campani	BMW M3
10.	Ragazzi-Cescon-Grossele	Ford Sierra Cosworth

Oben: Der Alfa 75 Turbo Evoluzione IMSA von Larini/Biasion/Siviero vom Giro 1989 ist heute Teil des Alfa-Museums.

Rechts: Die Detailbilder zeigen den Garett T 3/4 Turbolader, den Sicherheitstank mit Kraftstoffpumpen im Kofferraum, den Arbeitsplatz des Copiloten, Plastikfolie anstelle von Türverkleidungen, das vordere Fahrwerk mit den Pirelli-Slicks, das Zweispeichen-Sportlenkrad und die Mittelkonsole mit konventionellem Handbremshebel.

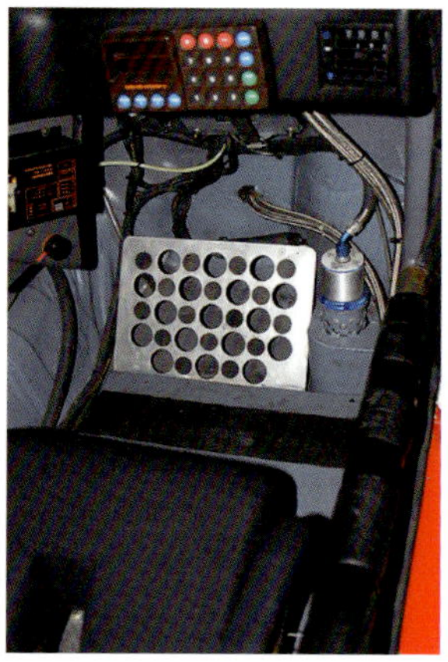

Giro d'Italia 1988 & 1989	75 Turbo IMSA
Zylinderzahl	4
Zylinderanordnung	in Reihe vorne längs
Bohrung x Hub (mm)	79,6 x 88,5
Hubraum (cm³)	1762
Max. Leistung (PS) bei U/min (1988)	335 bei 7200
Max. Leistung (PS) bei U/min (1989)	380 bei 7100
Max. Drehmoment (Nm) bei U/min (1988)	417 bei 4500
Max. Drehmoment (Nm) bei U/min (1989)	485 bei 4700
Leistungsgewicht 1988 (kg/PS)	2,86
Leistungsgewicht 1989 (kg/PS)	2,52
Steuerung	2 obenliegende Nockenwellen mit Kettenantrieb
Kraftstoffaufbereitung	LE2-Jetronic (Bosch) wassergekühlter Garrett T 3/4 Turbolader mit Ladeluftkühler max. Ladedruck 2,4 Bar
Zündung	elektronische, kontaktlose Zündung (Bosch)
Antrieb	auf die Hinterräder in Transaxle-Bauweise, dreifach gelagerte Kardanwelle mit Hardyscheiben, automatisches Sperrdifferenzial, geradeverzahntes Fünfganggetriebe plus R-Gang
Felgen	11 x 16 Zoll Speedline Rennfelgen
Bereifung	Pirelli Corsa vorne: 245/610, hinten: 265/620-16
Lenkung	Zahnstangenlenkung
Vorderradaufhängung	Einzelradaufhängung mit Trapez-Dreiecksquerlenkern, Drehstabfedern, Bilstein Teleskopstoßdämpfern und Querstabilisator
Hinterradaufhängung	DeDion-Achse mit Zugstreben, Wattgestänge, Schraubenfedern, Bilstein Teleskopstoßdämpfern und Querstabilisator
Länge (mm)	4370
Breite (mm)	1820
Höhe (mm)	Je nach Einsatz 1300 bis 1380
Radstand (mm)	2510
Spurweite vorne (mm)	1520
Spurweite hinten (mm)	1460
Kraftstofftank (l)	110
Gewicht fahrbereit (kg)	960
Höchstgeschwindigkeit (km/h)	270

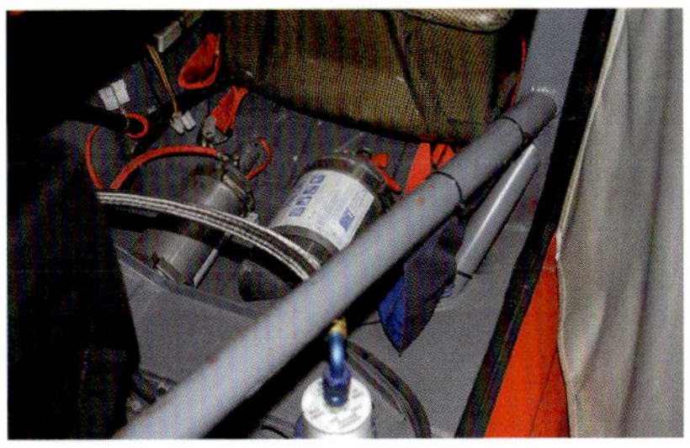

Oben: die markanten Kotflügelverbreiterungen

Links: Das Turbo-Aggregat leistete im 75 IMSA 1988 335 PS und 1989 380 PS.

Unten: Karbonsitz, Überrollkäfig und Feuerlöscher

Diese Fotos des IMSA-Evoluzione entstanden vor dem Museo Storico Alfa Romeo in Arese für www.auto-italia.co.uk.

© Michael Ward
www.michaelwardphotos.com

WABCO
1
GIRO D'ITALIA
BIASION
LARINI
SIVIERO
Alfa Romeo
Alfa Romeo
MUSEO STORICO
BILSTEIN schön
PIRELLI

SPEEDLINE

Der Alfa 75 wurde von 1987 bis 1992 in der italienischen Tourenwagenmeisterschaft CIVT (Campionato Italiano Velocità Turismo) eingesetzt. Auf dem Bild der Start im Rennen von Varano 1990 mit zwei Alfa 75 Evoluzione in der ersten Startreihe.

Campionato Italiano Velocità Turismo (CIVT)

Ebenso erfolgreich wie im Giro d'Italia war Alfa mit dem 75 auch in der nationalen italienischen Tourenwagen-Meisterschaft CIVT (Campionato Italiano Velocità Turismo), die später einfach Superturismo hieß. Die italienischen Wettbewerbe für Tourenwagen haben eine lange und ruhmreiche Tradition. Bereits in den 70er Jahren fanden Wettkämpfe mit präparierten Personenwagen auf italienischen Rennbahnen statt. In den 80er Jahren wurden dann nach der europäischen Meisterschaft 1984 und 1985 ähnliche Serien in Großbritannien, Frankreich, Schweden, Spanien, Deutschland und Japan intensiv bestritten.

Anfangs waren die Teilnehmerfelder mit 15 bis 20 Fahrern noch klein, und die Fahrzeuge in den Klassen A und N wurden nach Hubraum eingeteilt. Professionelle Rennfahrer oder Werksteams waren im Feld kaum auszumachen. Das änderte sich 1987, nachdem die Tourenwagen-Weltmeisterschaft von den vielen einzelnen nationalen Meisterschaften abgelöst wurde.

Die italienische Motorsport-Kommission CSAI organisierte die neu ausgeschriebene Meisterschaft, und ab Mitte der Saison zeigte die Serie offensichtliche Anzeichen von Wachstum mit dem Engagement diverser Werksteams und dem Einsatz routinierter Piloten. Der wirkliche Durchbruch der CIVT gelang jedoch erst im Folgejahr, als „Salerno Corse" das Management der Meisterschaft übernahm und die Kategorien in zwölf Klassen unterteilt wurden, davon sechs in der Gruppe A und sechs in der Gruppe N.

Für die Einteilung wurden fortan das Gewicht respektive das Leistungsverhältnis sowie der Stand der technischen Entwicklung der Fahrzeuge berücksichtigt. Die 75er wurden in den Gruppen A1, A2, A3, A4 und N2 eingesetzt. Die neuen Vorschriften, zusammen mit dem tadellosen Organisationsmanagement und der hervorragenden Werbung in den Fachmedien, revolutionierten die Serie und sorgten mit dem Werksengagement von Alfa Romeo, BMW und weiteren ausgezeichneten Teams für beispielloses Prestige.

Oben von links: Alfa Romeo 75 Turbo Evoluzione Gruppe A1 1990, Alfa Romeo 75 Turbo Gruppe A2 1990, Alfa Romeo 75 Turbo Gruppe N2 1990, Alfa Romeo 75 Turbo QV Stradale

Links: Alfa Romeo 75 Turbo Evoluzione Gruppe A1 Jolly Club N. Larini 1991

Die Zahl der Teilnehmer wuchs kontinuierlich, am Eröffnungsrennen in Maggione am 3. April 1988 beteiligten sich bereits 99 Fahrzeuge in den zwölf Klassen. Obendrein wurde auf bekannten Rennstrecken wie Monza, Imola, Misano, Vallelunga, Mugello und Varano gefahren. Ehe jedoch der bekannte Alfa 75 Evoluzione aus der Tourenwagen-WM 87 zum Einsatz kam, wurde im ersten Jahr der CIVT, 1988, noch mit dem normalen Alfa 75 Turbo um den Titel gekämpft.

Was Klassierungen und Ranglisten betrifft, war die Wertung in der italienische Meisterschaft nur schwer durchschaubar. Die Verantwortlichen von Salerno Corse hatten sich ein spezielles Punktesystem ausgedacht, das nicht nur die Fahrer mit den potentesten Fahrzeugen belohnte, sondern auch den Piloten der unteren Klassen Chancen auf den Gesamtsieg einräumte. So gab es neben den Wertungen der einzelnen Gruppen A1 bis N6 auch eine Gesamtwertung der Gruppe A und eine für die Gruppe N, sowie eine absolute Rangliste über alle Klassen.

CIVT 1987 Gruppe A	05.04. Pergusa	12.04. Varano	20.04. Magione	10.05. Varano	31.05. Vallelunga	11.07. Misano	27.09. Monza	18.10. Mugello	25.10. Imola
Rebai	2		5						
Tanghetti	3	7	3	9		14	10		9
Soli	4	3	4		3	4			15
Andreoli				6	5		8		11
Francia							1		
Voulaz							2		
Nannini									1
Larini									2
Cipriani									3

Bis zum Rennen in Monza nahmen nur Privatteams und -fahrer an der Meisterschaft teil. Die Teams und Fahrer aus der Tourenwagen-WM griffen erst gegen Ende der Saison ins Geschehen ein (nur Monza und Imola).

Blick unter die Motorhaube von Walter Voulaz' und Marcello Ciprianis Rennwagen von 1987

Gruppe A Schlussrangliste 1987 CIVT

Rang	Fahrer	Fahrzeug	Team	Punkte	Siege
1.	Michele Di Gioia	BMW M3	Di Gioia	179,0	1
2.	Gianni Giudici	BMW 635 Csi	Team Giudici	131,0	4
3.	Matteo Galimberti	VW Golf Gti	Galimberti	95,0	0
4.	Moreno Soli	Alfa Romeo 75 2.5 QV V6	Scuderia Guercino	92,0	0
5.	Abele Tanghetti	Alfa Romeo 75 2.5 QV V6	Biesse Corse	66,5	0
6.	Cegalini	Audi 80 GLE	Cegalini	58,0	0
7.	Gradoli	VW Golf Gti	Gradoli	52,0	0
8.	Giuseppe Attanasio	VW Golf Gti	Attanasio	51,0	0
8.	Giorgio Fantilli	Alfa Romeo 33 1.5 QV	Fantilli	51,0	0
10.	Walter Nocci	Fiat Ritmo 130 TC	Elaborazione Falessi	47,0	0
16.	Giorgio Francia	Alfa Romeo 75 Turbo Evoluzione	Alfa Corse	20,0	1
16.	Alessandro Nannini	Alfa Romeo 75 Turbo Evoluzione	Alfa Corse	20,0	1

Alfa Corse nahm nur am Saisonende an den beiden Rennen in Imola und Monza teil, welche auch prompt von Giorgio Francia und Alessandro Nannini gewonnen wurden.

1987: Die Saison, letztmals organisiert von der CSAI, wurde in den beiden Klassen A und N hauptsächlich von Privatteams und Privatfahrern bestritten. Carlo Rebai, Antonio Andreoli (beide 75 Turbo) sowie Abele Tanghetti und Moreno Soli (beide 75 2.5 V6 QV) waren auch des Öfteren im Schlussklassement in den vorderen Rängen anzutreffen. Gegen den hubraumstärkeren BMW 635 Csi von Gianni Giudici und den BMW M3 von Michele Di Gioia hatten sie in der Endabrechnung allerdings das Nachsehen. Trotzdem schaffte es Moreno Soli auf den hervorragenden vierten Schlussrang, und Abele Tanghetti wurde am Ende der Saison beachtenswerter Fünfter.

Die Alfa 75 von Alfa Corse wurden erst gegen Ende der Saison, nach ihren Einsätzen in der Tourenwagenweltmeisterschaft, in den beiden Rennen von Monza und Imola eingesetzt. Die Werksmaschinen hatten denn auch keine Mühe und wurden, mit zwei Siegen von Francia und Nannini, ihrer Favoritenrolle gerecht. Auf das Schlussklassement hatte dies jedoch keine Auswirkung.

CIVT 1988 Klasse A1	**03.04. Magione**	**23.04. Vallelunga**	**08.05. Mugello**	**22.05. Magione**	**12.06. Varano**	**26.06. Pergusa**	**24.07. Misano**	**28.08. Varano**	**25.09. Pergusa**	**09.10. Monza**	**23.10. Imola**	**06.11. Vallelunga**
Ferrari	1							5				
Bertaggia	2				7		1					
Patrese		1		1						12		
Nannini			2	2							1	
Larini			1			1				2		
Serattini			3	4	8	3	5	3		7		
Soli				5	4	4	6	4	4	11		3
Barbazza					1		4					
Francia							2	1	1 *	4	3	1
Baldi								2	1 *			
Brambilla								6				
Cecotto										5		

** Beim Rennen in Pergusa vom 25.09. erreichten Francia und Baldi mit einem Fahrerwechsel gemeinsam den 1. Platz.*
Die Werksfahrer von Alfa Corse fuhren nur vereinzelte Rennen und wechselten sich auf den beiden Rennwagen jeweils ab.

Klasse A2												
Brancatelli	1	2	1	2	1	1	1	1	1	1	1	1
Francia	2	1	6	1	2							
Anastasi	3			5	6	4		4				
Drovandi	4	3	3	3	3	7	3		5			
Livio		5	2		5	2	2		2 *	5		3 *
Vitale		4		7			8					
Mancini		6	4									2
D'Amore		6	5		4	3	5	3	3	2		
Russo				4								
Giudici					7							
Lovato					8	8	4	2	2 *	3		3 *

** Bei den Rennen in Pergusa vom 25.09. und Vallelunga vom 06.11. erreichten Livio und Lovato mit einem Fahrerwechsel gemeinsam den 2. bzw. den 3. Platz.*

Klasse A3												
Viglione	3		1		3		2	1	1	2		

In der Gruppe A3 konnte sich Alberto Viglione als einziger Alfa-75-Pilot sehr erfolgreich mit einem 2.0 Twinspark gegen die Konkurrenz auf Lancia Delta HF Turbo, Fiat Ritmo 130 TC und VW Golf GTI durchsetzen.

1988: Wegen der Fehlkalkulation um die ProCar-Serie mit dem Alfa 164 konnte der Alfa 75 von Alfa Corse allerdings aus Zeitgründen nicht weiterentwickelt werden, so dass sich der Werkseinsatz in der Saison 1988 größtenteils auf den Giro d'Italia mit dem IMSA-Turbo beschränkte. Es standen somit in der CIVT fast nur Privatteams mit Alfa 75 am Start.

Alfa Corse stellte für diese Saison aber immerhin noch zwei präparierte Fahrzeuge bereit, die gelegentlich von Enrico Bertaggia, Mauro Baldi, Ricardo Patrese, Fabrizio Barbazza, Amato Ferrari, Alessandro Nannini und Nicola Larini pilotiert wurden und dann auch meistens erfolgreich waren. Ein Traumstart gelang jedoch dem Jolly Club Team. Gleich in der ersten Saison gewann Gianfranco Brancatelli damit nicht nur die Meisterschaft in der Klasse A2, er wurde außerdem Gesamtsieger, weil er über alle Klassen die meisten Punkte sammelte.

Somit fuhr Brancatelli den prestigeträchtigen Titel für Alfa Romeo nach Hause und besiegte in der Gesamtwertung zudem sämtliche stärkeren Fahrzeuge in der Klasse A1, darunter BMW M3 Evolution und Ford Sierra Turbo Cosworth. Weitere Fahrer auf 75 Turbo waren Tiziano Serattini (Jolly Club), Salvatore Ruggero (Aspromonte), Moreno Soli (Guercino), Federico D'Amore (Jolly Club), Nunzio und Giuseppe Anastasi (Albatech), Stefano Livio und Luciano Lovato (beide Cibiemme), Rinaldo Drovandi und Giorgio Francia (beide Drovandi Team), Amerigo Califano und Enrico Fiorillo (beide Tecnica Racing Team), sowie Alberto Viglione mit einem Alfa 75 Twinspark vom Team Mosca Alfa Auto Racing.

Links: Das Logo der Meisterschaft 1988

Rechts: Auch auf den CIVT-Werbeplakaten wurde der Alfa Romeo 75 gerne abgedruckt. Interessante Notiz: der Eintritt war damals noch frei.

Gruppe A1–N6 Schlussrangliste 1988 CIVT

Rang	Fahrer	Gruppe	Fahrzeug	Team	Punkte	Siege
1.	Gianfranco Brancatelli	A2	Alfa Romeo 75 Turbo	Jolly Club	170,8	9
2.	Giorgio Francia	A1/A2	Alfa Romeo 75 Evo Turbo/Turbo	Tecnica Racing/Drovandi Team	148,0	4
3.	Amerigo Bigliazzi	A6	Alfa Romeo 33	Squadra Corse Valdelsa	130,8	10
4.	Giancarlo Naddeo	N4	Peugeot 205 Gti	A.c. Roma	125,4	7
5.	Giovanni Rea	N6	Autobianchi A112	Salerno Corse	96,4	4
6.	Gianfranco Ricci	A1	BMW M3	CiBiEmme Sport	88,2	0
7.	Luciano Galluzzo	N1	BMW M3	Settecolli	87,6	2
8.	Eugenio Corsini	N1	Ford Sierra RS Cosworth	Lombardi Autosport	85,6	1
8.	Walter Nocci	A4	Fiat Ritmo 130 TC	Elaborazione Falessi	85,2	5
10.	Giovanni Ognio	A5	Toyota Corolla Gt	Ognio Corse	83,0	4

Die Zahl der Siege betrifft die Wertung in der Gruppe. Insgesamt wurden zwölf Rennen ausgetragen. Giorgio Francia nahm anfangs mit dem Drovandi-Team in der Gruppe A2 teil, ab Varano (28. August) wechselte er zu Tecnica Racing mit einem Evo in die Gruppe A1.

Oben: Federico D'Amore vom Jolly Club Team war 1988 mit dem Alfa 75 Turbo noch nicht so erfolgreich wie im Folgejahr, wo er mit einem Evoluzione den 6. Schlussrang in der Klasse A1 erreichte.

Rechts: Für Alfa Romeo waren diverse Renntransporter im Einsatz, kein Wunder bei der Menge von Rennwagen und Material, die zu den zahlreichen europäischen Rennstrecken gebracht werden musste.

Oben links: Edle Materialien: Die Rennfelgen wurden aus Gewichtsgründen aus Magnesium und Aluminium gefertigt. Die OZ-Felgen werden nach dem Einsatz für das nächste Rennen gereinigt und mit neuen Slicks bezogen.

Oben rechts: Giorgio Francia

Unten: Letzte Vorbereitungen vor dem Einsatz im Regen. Roberto Russo (mit blauer Regenjacke) vom Jolly Club Team auf dem Weg zu seinem Rennwagen mit der Nummer 14.

1989: In dieser Saison nahmen 75er-Fahrer und ihre Teams in fünf von zwölf Klassen teil: in den Gruppen A1, A2, A3 und A4, sowie in der Gruppe N2. Einige Piloten fuhren in verschiedenen Klassen gleichzeitig oder wechselten je nach Kurs die Gruppeneinteilung (siehe Ranglisten). Während in den Rennen der Gruppen A1 bis A3 ausschließlich Turbomodelle des Alfa 75 am Geschehen teilnahmen, setzte man in den Gruppen A4 und N2 nebenbei auch auf einige V6 und 2.0 Twin Spark.

In der Königsgruppe A1 musste sich Giorgio Francia vom Jolly Club Team trotz vier Siegen den BMW M3 Evolution

Oben links: Das Heck von Larinis Evoluzione mit dem imposanten IMSA-Heckflügel

Oben rechts: Das schwarze Gold der Tourenwagen

Mitte links: Nicola Larini

Unten links: Giorgio Cipolli, Vizemeister 1989 in der Gruppe A3

Unten rechts: Marzio Romano vor Nicola Larini

von Johnny Cecotto und Jacques Laffite geschlagen geben und sich mit dem dritten Schlussrang begnügen. Nicola Larini klassierte sich am Ende der Saison mit drei Siegen knapp hinter Federico D'Amore, beide Jolly Club, auf Platz 7. Einmal mehr waren die BMW M3 die härtesten Konkurrenten um den Gesamtsieg, trotzdem rangierten im Schlussklassement nicht weniger als elf Alfa 75 Evoluzione auf den ersten 22 Punkterängen.

In der Wertung der Gruppe A2 herrschte ein ähnliches Bild: BMW M3 auf den vorderen beiden Plätzen mit dem souveränen Marco Brand vor Daniele Vitale (beide Team Bigazzi), dahinter die Alfa 75 Turbo mit Moreno Soli auf Rang 3, Marzio Romano auf Platz 4 und Luciano Lovato auf Platz 6. Dazwischen klassierte sich Bebbe Gabbiani mit einem Ford Sierra Cosworth Turbo. Mit fünf Alfas unter den ersten acht ist dieses Ergebnis jedoch auch ohne Gesamtsieg beachtlich.

In der Gruppe A3 dominierten hingegen wieder die Alfas gegen den Konkurrenten aus München. Rinaldo Drovandi von Tecnica Racing sicherte sich mit erwähnenswerten

Oben links: Stefano Livio, Champion 1989 in der Gruppe N2

Oben rechts: Weiße Autos aller Marken waren im Starterfeld in der Überzahl.

Unten links: Nicola Larini kurz vor dem Start

Unten rechts: Moreno Soli war von 1987 bis 1991 auf Alfa 75 am Start und als Privatfahrer ebenfalls sehr erfolgreich.

acht Siegen den Gesamtsieg vor seinen beiden Teamkollegen Giorgio Cipolli und Eugenio Corsini. Erst dahinter platzierten sich vier BMW 635 Csi. Die Ränge acht und neun von Stefano Livio und Fabrizio Serena rundeten das hervorragende Ergebnis mit fünf Alfa 75 Turbo unter den ersten neun Punkterängen in der Gruppe A3 ab.
In der Gruppe A4 fanden sich keine Alfa 75 Turbo im Starterfeld. Antonio Andreoli und Abele Tanghetti bestritten die Rennen auf Alfa 75 2.5 V6 QV, und Alberto Viglione wagte sich mit einem 2.0 Twinspark an den Start. Das Rennen um den Gesamtsieg machten hingegen die kleineren und leichteren VW Golf, Ford Escort Turbo und Renault 5 GT Turbo unter sich aus. Immerhin schafften es die drei Alfisti in zehn Rennen auf beachtenswerte sechs Podestplätze. Andreoli wurde schließlich Fünfter in der Gesamtwertung.

Die Gruppe N2 war indessen wieder in Alfa-75-Hand. Stefano Livio vom Jolly Club, auch in A1 präsent, dominierte die Gruppe mit sechs Siegen und holte sich auf eindrucksvolle Weise den Titel vor dem CiBiEmme-Fahrer Silvio Melandri. Der Gruppe-A3-Alfa-Fahrer Fabrizio Serena

CIVT 1989 Klasse A1	18.–19.03. Monza nur 1 Lauf	07.–08.04. Varano Lauf 1/Lauf 2	29.–30.04. Pergusa Lauf 1/Lauf 2	20.–21.05. Magione Lauf 1/Lauf 2	03.–04.06. Vallelunga Lauf 1/Lauf 2	22.–23.07. Misano Lauf 1/Lauf 2	02.–03.09. Misano Lauf 1/Lauf 2	16.–17.09. Vallelunga nur 1 Lauf	07.–08.10. Monza Lauf 1/Lauf 2	28.–29.10. Imola Lauf 1/Lauf 2
Livio	3*			6/6	6/7			6*		5/2
Lovato	3*							5*	6/8	6/5
Larini	8*	5/0	1/0			1/0	1/0	8*	3/7	
D'Amore	8*	8/7	8/3	7/7	7/0	5/5	4/0	6*	9/5	7/4
Giudici	4*	7/10	0/4	8/9	9/8					
Daccò	4*									
Bosshard	6*									
De Benedetti	6*	10/9								
Ricci	10*	9/8		10/8	8/6					
Francia	10*	4/5	6/0		5/10	3/3	2/1		1/1	9/1
Russo	15*	6/0					9/5	5*	7/0	
Martini									4/6	
Romano									5/3	8/8

** Diese Rennen wurden anstelle von 2 Läufen über die doppelte Distanz mit einem Fahrerwechsel gefahren. Daher sind jeweils 2 Fahrer auf dem selben Rang plaziert.*

CIVT 1989 Klasse A2	18.–19.03. Monza nur 1 Lauf	07.–08.04. Varano Lauf 1/Lauf 2	29.–30.04. Pergusa Lauf 1/Lauf 2	20.–21.05. Magione Lauf 1/Lauf 2	03.–04.06. Vallelunga Lauf 1/Lauf 2	22.–23.07. Misano Lauf 1/Lauf 2	02.–03.09. Misano Lauf 1/Lauf 2	16.–17.09. Vallelunga nur 1 Lauf	07.–08.10. Monza Lauf 1/Lauf 2	28.–29.10. Imola Lauf 1/Lauf 2
Soli	2	0/3	4/2	6/7	6/0	5/6	6/7	4	7/5	4/5
Pietra	4									
Romano		2/2	2/5	5/4	2/7	2/2	3/6	5		
Ruggero			6/4							
Russo				2/3	5/5	0/5				
De Benedetti				4/5	0/4	4/3				
Lovato				7/6	3/2	3/4	10/8			

CIVT 1989 Klasse A3	19.03. Monza	08.04. Varano	30.04. Pergusa	21.05. Magione	04.06. Vallelunga	23.07. Misano	03.09. Misano	17.09. Vallelunga	08.10. Monza	29.10. Imola
Cipolli	1	4	4	3	2	4	3		2	3
Drovandi		1	1	1	1	2	1	1	1	1
Livio		2								
Corsini		3	2	2	3	1	4	3	5	
De Benedetti			3							
Serena							5	4		
Califano									7	

CIVT 1989 Klasse A4	19.03. Monza	08.04. Varano	30.04. Pergusa	21.05. Magione	04.06. Vallelunga	23.07. Misano	03.09. Misano	17.09. Vallelunga	08.10. Monza	29.10. Imola
Viglione	6		4	3	2					4
Andreoli		2				4			3	2
Tanghetti			2	9						

CIVT 1989 Klasse N2	19.03. Monza	08.04. Varano	30.04. Pergusa	21.05. Magione	04.06. Vallelunga	23.07. Misano	03.09. Misano	17.09. Vallelunga	08.10. Monza	29.10. Imola
Melandri	3	4	3	2	3	4	2	2	2	3
Rinaldi	4									
Livio			1	1	1	2	1	1	1	
Ricci		1								
Mainetti		3				3				
Sgammini		5								
Zanetti								3		
Brand										1

Oben: Rinaldo Drovandi, souveräner Gesamtsieger der Gruppe A3 mit 8 Rennerfolgen

Mitte links: Zwischen den beiden Läufen Rennpause im Fahrerlager vom Team Jolly Club

Mitte rechts: Giorgio Francia, als Dritter in der Gruppe A1 der beste Alfa Pilot in dieser Klasse

Unten: Moreno Soli hatte auf seinem Alfa oft die passende Startnummer 75.

sicherte sich in N2 hingegen auf einem Renault 21 Turbo den dritten Platz vor seinem Teamkollegen Pullè. Dahinter folgten wieder drei Alfas mit Gianfranco Ricci, Marco Brand (Champion auf BMW in A2) und Tommaso Mainetti.

In den Schlusswertungen der Gruppe A und N sowie in der Gesamtwertung über alle Klassen hatten die Alfas allerdings wieder das Nachsehen. Bester Gruppe-A-Pilot war Rinaldo Drovandi auf Rang 5, in der Gruppe N erreichte Stefano Livio Platz 4, und über alle Klassen war es ebenfalls Stefano Livio, der mit Rang 5 die Alfa-Fahne hochhielt.

Somit gelang es zwar bedauerlicherweise nicht, den Vorjahressieg von Gianfranco Brancatelli für Alfa Romeo zu wiederholen. Mit 25 Alfa-Siegen und 47 weiteren Podestplätzen ließ sich die Saison 1989 trotzdem durchweg als Erfolg werten.

Nicola Larini vor einer Horde von Ford Sierra Cosworth und BMW M3

A1 Schlussrangliste 1989 CIVT

Rang	Fahrer	Fahrzeug	Team	Punkte	Siege
1.	Johnny Cecotto	BMW M3 Evolution	BMW Italia Schnitzer	75,1	7
2.	Jacques Laffite	BMW M3 Evolution	Bigazzi	52,3	1
3.	Giorgio Francia	Alfa Romeo 75 Turbo Evoluzione	Jolly Club	49,7	4
4.	Gianni Morbidelli	BMW M3 Evolution	Bigazzi	40,7	2
5.	Gabriele Tarquini	BMW M3 Evolution	Bigazzi	37,8	1
6.	Federico D'Amore	Alfa Romeo 75 Turbo Evoluzione	Jolly Club	33,7	0
7.	Nicola Larini	Alfa Romeo 75 Turbo Evoluzione	Jolly Club	28,9	3
8.	Emanuele Pirro	BMW M3 Evolution	BMW Italia Schnitzer	28,7	0
9.	Stefano Livio	Alfa Romeo 75 Turbo Evoluzione	Jolly Club	27,2	0
12.	Luciano Lovato	Alfa Romeo 75 Turbo Evoluzione	CiBiEmme	20,9	0
13.	Gianni Giudici	Alfa Romeo 75 Turbo Evoluzione	Giudici Racing	14,7	0
14.	Onofrio Russo	Alfa Romeo 75 Turbo Evoluzione	Tecnica Racing	12,0	0
16.	Guido Daccò	Alfa Romeo 75 Turbo Evoluzione	CiBiEmme	7,2	0
17.	Marzio Romano	Alfa Romeo 75 Turbo Evoluzione	Jolly Club	7,0	0
20.	Gianfranco Ricci	Alfa Romeo 75 Turbo Evoluzione	CiBiEmme	5,5	0
22.	Enrico De Benedetti	Alfa Romeo 75 Turbo Evoluzione	CiBiEmme	5,3	0

A2 Schlussrangliste 1989 CIVT

Rang	Fahrer	Fahrzeug	Team	Punkte	Siege
1.	Marco Brand	BMW M3	Bigazzi	109,5	13
2.	Daniele Vitale	BMW M3	Bigazzi	44,9	0
3.	Moreno Soli	Alfa Romeo 75 Turbo Evoluzione	Scuderia Guercino	42,9	0
4.	Marzio Romano	Alfa Romeo 75 Turbo Evoluzione	Jolly Club	37,5	0
5.	Bebbe Gabbiani	Ford Sierra Cosworth	Imberti	31,1	2
6.	Luciano Lovato	Alfa Romeo 75 Turbo Evoluzione	CiBiEmme	21,0	0
7.	Johnny Cecotto	BMW M3 Evolution	BMW Italia Schnitzer	17,0	2
8.	Enrico De Benedetti	Alfa Romeo 75 Turbo Evoluzione	CiBiEmme	15,0	0
8.	Roberto Russo	Alfa Romeo 75 Turbo Evoluzione	Jolly Club	15,0	0

A3 Schlussrangliste 1989 CIVT

Rang	Fahrer	Fahrzeug	Team	Punkte	Siege
1.	Rinaldo Drovandi	Alfa Romeo 75 Turbo	Tecnica Racing	90,8	8
2.	Giorgio Cipolli	Alfa Romeo 75 Turbo	Tecnica Racing	44,6	1
3.	Eugenio Corsini	Alfa Romeo 75 Turbo	Tecnica Racing	44,0	1
4.	Marcello Gunella	BMW 635 Csi	William Sala Racing	34,2	0
5.	Guido Daverio	BMW 635 Csi	Jolly Club	18,0	0
6.	Ademaro Massa	BMW 635 Csi	Scuderia Giudici	14,0	0
7.	Maurizio Micangeli	BMW 635 Csi	William Sala Racing	7,2	0
8.	Stefano Livio	Alfa Romeo 75 Turbo	Jolly Club	6,0	0
9.	Fabrizio Serena	Alfa Romeo 75 Turbo	CiBiEmme	2,0	0

A4 Schlussrangliste 1989 CIVT

Rang	Fahrer	Fahrzeug	Team	Punkte	Siege
1.	Michele Rayneri	VW Golf Gti 16V	Audi Sport Europa T.	76,6	5
2.	Franco Fassi	Ford Escort Turbo	Lella Lombardi Auto.	40,8	2
3.	Loris Ruggi	VW Golf Gti 16V	Auto Sport Ruggi	34.0	2
4.	Liliana De Menna	Renault 5 Gt Turbo	Club New Team	30,0	0
5.	Antonio Andreoli	Alfa Romeo 75 QV 2.5 V6	Andreoli Racing	25,0	0
6.	Alessandra Merluzzi	Renault 5 Gt Turbo	Squadra Corse Trieste	20,2	0
7.	Nerio Garavini	Lancia Delta HF Turbo	Faenza Racing Team	17,0	0
10.	Alberto Viglione	Alfa Romeo 75 Twinspark	Mosca Auto Racing	11,5	0
19.	Abele Tanghetti	Alfa Romeo 75 QV 2.5 V6	Biesse Corse	6,0	0

N2 Schlussrangliste 1989 CIVT

Rang	Fahrer	Fahrzeug	Team	Punkte	Siege
1.	Stefano Livio	Alfa Romeo 75 Turbo	Jolly Club	66,6	6
2.	Silvio Melandri	Alfa Romeo 75 Turbo	CiBiEmme	44,0	0
3.	Fabrizio Serena	Renault 21 Turbo	Club New Team	43,4	1
4.	Andrea Pullè	Renault 21 Turbo	Club New Team	16,0	1
5.	Gianfranco Ricci	Alfa Romeo 75 Turbo	Jolly Club	11,0	1
6.	Marco Brand	Alfa Romeo 75 Turbo	CiBiEmme	10,0	1
6.	Tommaso Mainetti	Alfa Romeo 75 Turbo	CiBiEmme	10,0	0
8.	Bruno Giordano	Toyota Celica	BG Racing	8,0	0
11.	Sandro Rinaldi	Alfa Romeo 75 Turbo	CiBiEmme	4,8	0
11.	Danilo Zanetti	Alfa Romeo 75 Turbo	CiBiEmme	4,8	0
14.	Alfredo Scammini	Alfa Romeo 75 V6 3.0	CiBiEmme	3,0	0

Klasse A Schlussrangliste 1989 CIVT

Rang	Fahrer	Fahrzeug	Team	Punkte	Siege
1.	Marco Brand	BMW M3	Bigazzi	109,5	13
2.	Giuseppe Anastasi	Fiat Uno Turbo	Vasta	100,4	7
3.	Walter Nocci	Fiat Ritmo 130	Falessi	94,2	7
4.	Johnny Cecotto	BMW M3 Evolution	BMW Italia Schnitzer	92,1	9
5.	Rinaldo Drovandi	Alfa Romeo 75 Turbo	Tecnica Racing	90,8	8
10.	Giorgio Francia	Alfa Romeo 75 Turbo Evoluzione	Jolly Club	49,7	4
14.	Giorgio Cipolli	Alfa Romeo 75 Turbo	Tecnica Racing	44,6	1
15.	Marzio Romano	Alfa Romeo 75 Turbo Evoluzione	Jolly Club	44,5	0
16.	Eugenio Corsini	Alfa Romeo 75 Turbo	Tecnica Racing	44,0	1
17.	Moreno Soli	Alfa Romeo 75 Turbo Evoluzione	Scuderia Guercino	42,9	0
18.	Luciano Lovato	Alfa Romeo 75 Turbo Evoluzione	CiBiEmme	41,9	0

Klasse N Schlussrangliste 1989 CIVT

Rang	Fahrer	Fahrzeug	Team	Punkte	Siege
1.	Giancarlo Naddeo	Peugeot 205 Gti	New Race Team	102,4	6
2.	Antonio Sinisi	Fiat Uno 70S	Ignatia Corse	93,4	5
3.	Renato Fruzzetti	Renault 5 Gt Turbo	RCM	72,2	1
4.	Stefano Livio	Alfa Romeo 75 Turbo	Jolly Club	66,6	6
17.	Silvio Melandri	Alfa Romeo 75 Turbo	CiBiEmme	43,4	0

Absolute Schlussrangliste Klassen A1 bis N6 1989 CIVT

Rang	Fahrer	Fahrzeug	Team	Punkte	Siege
1.	Johnny Cecotto	BMW M3 Evolution	BMW Italia Schnitzer	131,7	9
2.	Marco Brand	BMW M3 & Alfa Romeo 75 Turbo	Bigazzi	121,1	14
3.	Giancarlo Naddeo	Peugeot 205 Gti	New Race Team	109,4	6
4.	Giuseppe Anastasi	Fiat Uno Turbo	Vasta	100,4	7
5.	Stefano Livio	Alfa Romeo 75 Turbo Evoluzione	Jolly Club	95,1	6
8.	Rinaldo Drovandi	Alfa Romeo 75 Turbo	Tecnica Racing	93,2	8
15.	Giorgio Francia	Alfa Romeo 75 Turbo Evoluzione	Jolly Club	68,2	4
27.	Marzio Romano	Alfa Romeo 75 Turbo Evoluzione	Jolly Club	47,5	0
30.	Luciano Lovato	Alfa Romeo 75 Turbo Evoluzione	CiBiEmme	45,5	0
34.	Giorgio Cipolli	Alfa Romeo 75 Turbo	Tecnica Racing	44,6	1
37.	Eugenio Corsini	Alfa Romeo 75 Turbo	Tecnica Racing	44,0	1
38.	Silvio Melandri	Alfa Romeo 75 Turbo	CiBiEmme	44,0	0
40.	Moreno Soli	Alfa Romeo 75 Turbo Evoluzione	Scuderia Guercino	42,9	0
45.	Federico D'Amore	Alfa Romeo 75 Turbo Evoluzione	Jolly Club	40,7	0

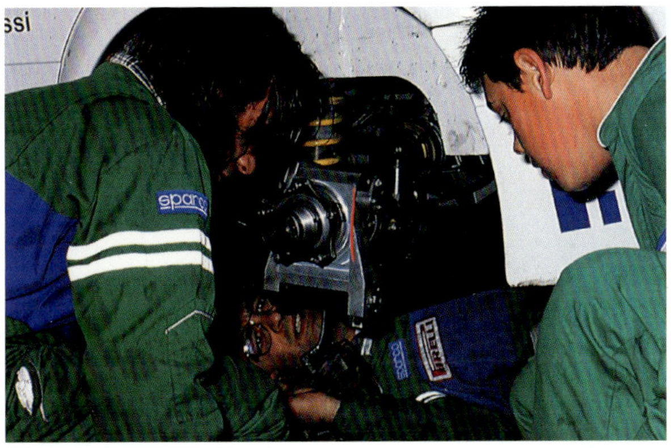

Von oben: Keine Seltenheit: Kampfspuren an Nicola Larinis Felgen. Die Mechaniker des Jolly Club Teams bei der Bremsenreparatur an Stefano Livios Alfa und zweimal Nicola Larini in Aktion

Oben: Werbung für das CIVT-Rennen von 1990 in Varano

Rechts: Bunt gemischtes Starterfeld in der Meisterschaft von 1990. Immer mehr Teams versuchten ihr Glück in der prestigeträchtigen Rennserie.

Unten: Die beiden Totip-Alfas vom Team Jolly Club

1990: Regeln und Punkteverteilung wurden in dieser Saison noch etwas komplizierter als im Vorjahr. Neuerdings hieß die Gruppe A1 „Superturismo" und wurde nur noch einzeln gewertet. Ebenso wurde für die Gruppe A2 eine separate Wertung eingeführt. Beide hatten auf die Gesamtwertung – nun für die elf Gruppen A3 bis A6 und N1 bis N7 – keinen Einfluss mehr.

Die Alfa 75 kämpften in dieser Saison in den vier Gruppen A1 bis A3 und N7 um Punkte und Meistertitel. Mittlerweile tummelten sich im gesamten Startfeld mehr als 300 Fahrer und Fahrzeuge. Es war wohl eine organisatorische Meisterleistung von Salerno Corse, dabei den Überblick zu behalten, zumal viele Fahrer in mehreren Gruppen und in verschieden Fahrzeugen an der Meisterschaft teilnahmen.

Während die Aggregate der Alfas in der Superturismo-Klasse mittlerweile stolze 410 PS generierten, leisteten die Motoren der schwächeren Gruppe-A2-Wagen immer noch beachtliche 295 PS und die 75er Turbo der Gruppe A3 nicht minder bemerkenswerte 260 PS.

In der Superturismo-Klasse, der ehemaligen Gruppe A1, wurden 20 Rennläufe ausgetragen, wobei nach Abzug von vier Streichresultaten nur 16 Läufe für die Schlusswertung ausschlaggebend waren. Mit vier Rennsiegen und drei weiteren Podestplätzen reichte es dem best-

klassierten Alfafahrer Nicola Larini vom Team CiBiEmme leider nur zum dritten Schlussrang. Einmal mehr hatten die Werks-BMW von BMW Italia Schnitzer und von Bigazzi die Nase vorne.

Roberto Ravaglia sicherte sich mit sieben Siegen den Titel vor Emanuele Pirro. Giorgio Francia, Gianfranco Brancatelli und Gianni Morbidelli verbuchten mit ihren 75-Evos ebenfalls je einen Sieg auf ihren Punktekonten – dies, obwohl Francia und Morbidelli erst in der zweiten Saisonhälfte in die Gruppe A1 eingestiegen waren. Mit 15 Podestplätzen und 13 Alfafahrern unter den ersten 23 im Gesamtklassement konnte sich die Erfolgsbilanz in der Superturismo-Klasse A1 jedoch durchaus sehen lassen.

Noch erfolgreicher schloss Alfa Romeo die Gruppe A2 ab. Moreno Soli von der Scuderia Guercino sicherte sich mit neun Siegen den Titel vor Daniele Vitale auf BMW M3 mit ebenfalls neun Siegen. Dahinter folgte auf Rang drei bereits der nächste Alfapilot Eugenio Corsini von Tecnica Racing, obwohl er nur die letzten sechs Läufe in der Klasse A2 gefahren war. Vorher war er erfolgreich in der Klasse A1 unterwegs gewesen und hatte dort den neunten Platz in der Gesamtwertung errungen. Marcello Gunella von Grifo Autoracing rundete das gute Alfa-Ergebnis mit dem achten Rang ab.

Das beste Endresultat der Saison 1990 erzielte Alfa Romeo jedoch ganz klar in der Klasse A3 mit nicht weniger als vierzehn Alfa 75 unter den ersten siebzehn Plätzen. Mit acht Siegen gewann Giorgio Francia vom Team Jolly Club beeindruckend den Titel vor seinem Teamkollegen

Oben: Massimo Di Riso vom Team Tecnica Racing (Nr. 11) vor Graziano Rossi von Biesse Corse

Mitte: BMW M3 und Alfa Romeo 75 Turbo Evoluzione waren die beiden Hauptprotagonisten in der Klasse A1.

Unten: Nicola Larini, unterwegs zum Sieg in Lauf 1 in Misano.

CIVT 1990 Superturismo „A1“	17.–18.03. Monza Lauf 1/Lauf 2	07.–08.04. Varano Lauf 1/Lauf 2	28.–29.04. Pergusa Lauf 1/Lauf 2	19.–20.05. Magione Lauf 1/Lauf 2	02.–03.06. Vallelunga Lauf 1/Lauf 2	14.–15.07. Misano Lauf 1/Lauf 2	04.–05.08. Misano Lauf 1/Lauf 2	28.–29.09. Imola Lauf 1/Lauf 2	13.–14.10. Varano Lauf 1/Lauf 2	27.–28.10. Monza Lauf 1/Lauf 2
Capello	5/5		8/0	0/4	3/0	4/12	10/0	5/0	5/4	4/0
Lovato	8/7									
Brancatelli	10/9					0/5	4/1		6/5	6/0
Corsini	0/10	5/4	6/7	2/7	7/7	11/8	8/5			
Larini			1/1		2/3		1/6		2/1	
Giudici				4/5	5/0		7/7	0/6		
Rossi					4/6	8/7	6/4	7/0	8/0	7/8
Chiapparini					8/8	10/10				8/10
Morbidelli						1/11		0/4		
Francia						5/3		8/5	1/0	0/4
Di Risio								9/0	7/6	
Brand										3/3

Nicht alle Fahrer waren die ganze Meisterschaft dabei. Giorgio Francia fuhr bis Misano nur in der Klasse A3, danach in A1 & A3. Eugenio Corsini wechselte ab Imola in die Klasse A2.

CIVT 1990 Superturismo „A2“	17.–18.03. Monza Lauf 1/Lauf 2	07.–08.04. Varano Lauf 1/Lauf 2	28.–29.04. Pergusa Lauf 1/Lauf 2	19.–20.05. Magione Lauf 1/Lauf 2	02.–03.06. Vallelunga Lauf 1/Lauf 2	14.–15.07. Misano Lauf 1/Lauf 2	04.–05.08. Misano Lauf 1/Lauf 2	28.–29.09. Imola Lauf 1/Lauf 2	13.–14.10. Varano Lauf 1/Lauf 2	27.–28.10. Monza Lauf 1/Lauf 2
Soli	2/2	1/1	0/1	2/1	1/1	2/1	2/2	1/0	0/2	2/1
Gunella					2/2					
Corsini								3/2	1/1	0/2

Marcello Gunella fuhr nur das Rennen in Vallelunga für Alfa Romeo in der Klasse A2, ansonsten war er in der Klasse A3 mit einem BMW 635 Csi am Start.

CIVT 1990 Klasse A3	18.03. Monza	08.04. Varano	29.04. Pergusa	20.05. Magione	03.06. Vallelunga	15.07. Misano	05.08. Misano	29.09. Imola	14.10. Varano	28.10. Monza
Francia		1	1	7	1	1	1	1	1	1
D'Amore	2	2	4	1	2	2	2		2	2
Milanesi	3	3	2	2	3	4	6	2	6	5
Cipolli		4								
Palma	6	5		3	5		4	3	5	
Gori		7	3	5						
Di Risio	1									
Marazzi				6						
Nocci					4		5		4	3
Nugnes						7				
Kazaj							3			
Arlotti								4		

CIVT 1990 Klasse N3	18.03. Monza	08.04. Varano	29.04. Pergusa	20.05. Magione	03.06. Vallelunga	15.07. Misano	05.08. Misano	29.09. Imola	14.10. Varano	28.10. Monza
Melandri	2	1		6		2	5		3	
Serena	4	6	3		4	4	4		7	
Consonni	3	4			1			1	2	5
Bertei		5	4	2	6	1	2	2	1	3
Pescosolido				4	2	3		5	6	7
Zanetti				5		5				
Ferlito					3			6	4	4
Moioli							3			6
De Antoni								4	8	2
Drudi										1

Oben links: Giorgio Francia und sein Teamkollege bei Jolly Club, Federico D'Amore

Oben rechts: Im Cockpit mit dem Titelanwärter aus der Toskana, Nicola Larini

Unten links: Zwischen den Rennläufen wird die Zeit genutzt, um nötige Reparaturen zu erledigen, hier am Wagen von Moreno Soli, dem Gesamtsieger in der Gruppe A2.

Unten rechts: Gianni Morbidelli mit seinem feuerspuckenden Alfa 75

Federico D'Amore. Platz drei sicherte sich Stefano Milanesi von Tecnica Racing vor Antonio Palma, einem weiteren Jolly-Club-Fahrer.

Als beste Nicht-Alfafahrer kamen Ademaro Massa auf Rang 5 und Gianni Giudici auf Rang 8, beide auf BMW 635 Csi. Neben all den 75er Turbos nahmen Arlotti, Scammini und Marazzi auf Dreiliter-Sechszylindern teil, sie waren allerdings genauso chancenlos gegen die Turbopower wie die BMW-Piloten.

In der Gruppe N3 waren die Alfa 75 Turbo ebenfalls in großer Zahl vertreten, dort hatten die Motoren allerdings nur 204 PS. Abgesehen vom vierfachen Sieger Andrea Pullè auf Renault 21 Turbo, der auch den Gesamtsieg errang, gingen sechs der zehn Siege auf das Konto von Alfafahrern.

So belegten die Alfas denn auch die Plätze zwei bis sechs in der Gesamtwertung. Leider nahmen die Piloten einander zu viele Punkte ab, um das Gesamtergebnis zu Gunsten eines einzigen zu entscheiden. Mit nur vier Punkten Rückstand auf Pullè hatte Alessandro Bertei vom New Race Team am Ende der Meisterschaft das Nachsehen gegenüber dem Renault-Piloten.

Platz drei sicherte sich Giampiero Consonni vor Silvio Melandri, Marco Pescosolido und Fabrizio Serena, dem

Von oben:

Giorgio Francia vom Team Jolly Club Totip war mit acht Siegen souveräner Gesamtsieger in der Klasse A3 und belegte im Gesamtklassement den zweiten Platz.

Moreno Soli von der Scuderia Guercino

Der Russe Juri Kazaj von Tecnica Racing

Superturismo (A1) Schlussrangliste 1990 CIVT

Rang	Fahrer	Fahrzeug	Team	Punkte	Siege
1.	Roberto Ravaglia	BMW M3 Evolution	BMW Italia Schnitzer	264,0	7
2.	Emanuele Pirro	BMW M3 Evolution	Bigazzi	140,0	4
3.	Nicola Larini	Alfa Romeo 75 Turbo Evoluzione	CiBiEmme	128,0	4
4.	Johnny Cecotto	BMW M3 Evolution	BMW Italia Schnitzer	114,0	1
5.	Luca Magiorelli	BMW M3 Evolution	Bigazzi	102,0	1
6.	Rinaldo Capollo	Alfa Romeo 75 Turbo Evoluzione	New Race Team	85,0	0
7.	Antonio Tamburini	BMW M3 Evolution	Bigazzi	82,0	0
8.	Gabriele Tarquini	BMW M3 Evolution	Bigazzi	78,0	0
9.	Eugenio Corsini	Alfa Romeo 75 Turbo Evoluzione	Tecnica Racing	73,0	0
10.	Graziano Rossi	Alfa Romeo 75 Turbo Evoluzione	Biesse Corse	71,0	0
11.	Giorgio Francia	Alfa Romeo 75 Turbo Evoluzione	Jolly Club	60,0	1
11.	Gianfranco Brancatelli	Alfa Romeo 75 Turbo Evoluzione	New Race Team	60,0	1
13.	Steve Soper	BMW M3 Evolution	BMW Italia Schnitzer	58,0	0
15.	Moreno Soli	Alfa Romeo 75 Turbo Evoluzione	Scuderia Guercino	41,0	0
17.	Gianni Giudici	Alfa Romeo 75 Turbo Evoluzione	Scuderia Giudici	32,0	0
18.	Gianni Morbidelli	Alfa Romeo 75 Turbo Evoluzione	CiBiEmme	30,0	1
19.	Marco Brand	Alfa Romeo 75 Turbo Evoluzione	CiBiEmme	24,0	0
20.	Angelo Chiapparini	Alfa Romeo 75 Turbo Evoluzione	New Race Team	11,0	0
21.	Massimo Di Risio	Alfa Romeo 75 Turbo Evoluzione	Tecnica Racing	10,0	0
23.	Willy Lovato	Alfa Romeo 75 Turbo Evoluzione	New Race Team	7,0	0

Superturismo (A2) Schlussrangliste 1990 CIVT

Rang	Fahrer	Fahrzeug	Team	Punkte	Siege
1.	Moreno Soli	Alfa Romeo 75 Turbo Evoluzione	Scuderia Guercino	285,0	9
2.	Daniele Vitale	BMW M3	TRS Racing	282,0	9
3.	Eugenio Corsini	Alfa Romeo 75 Turbo Evoluzione	Tecnica Racing	82,0	2
4.	Abele Tanghetti	Ford Sierra Cosworth	Biesse Corse	67,0	0
5.	Alessandro Bertei	Maserati Biturbo	A-Team	52,0	0
6.	Stefano Riva	Ford Sierra Cosworth	Repetto Motors	44,0	0
7.	Massimo Pigoli	BMW M3	SPES Racing	42,0	0
8.	Marcello Gunella	Alfa Romeo 75 Turbo Evoluzione	Grifo Autoracing	30,0	0
9.	Francesco Stanguellini	BMW M3	Circulo della Biella	24,0	0

A3 Schlussrangliste 1990 CIVT

Rang	Fahrer	Fahrzeug	Team	Punkte	Siege
1.	Giorgio Francia	Alfa Romeo 75 Turbo	Jolly Club	77,0	8
2.	Federico D'Amore	Alfa Romeo 75 Turbo	Jolly Club	53,0	1
3.	Stefano Milanesi	Alfa Romeo 75 Turbo	Tecnica Racing	39,0	0
4.	Antonio Palma	Alfa Romeo 75 Turbo	Jolly Club	24,0	0
5.	Ademaro Massa	BMW 635 Csi	Scuderia Giudici	17,0	0
6.	Walter Nocci	Alfa Romeo 75 Turbo	Tecnica Racing	16,0	0
7.	Massimo Di Risio	Alfa Romeo 75 Turbo	Tecnica Racing	9,0	1
8.	Juri Kazaj	Alfa Romeo 75 Turbo	Tecnica Racing	5,0	0
8.	Gianni Giudici	BMW 635 Csi	Scuderia Giudici	5,0	0
10.	Franco Rabino	Alfa Romeo 75 Turbo	Jolly Club	4,0	0
10.	Claudio Gori	Alfa Romeo 75 Turbo	Tecnica Racing	4,0	0
10.	Giorgio Cipolli	Alfa Romeo 75 Turbo	Tecnica Racing	4,0	0
13.	Orazio Arlotti	Alfa Romeo 3.0 V6	Scuderia ASM	3,0	0
13.	Marcello Gunella	BMW 635 Csi	William Sala Racing	3,0	0
15.	Alberto Sgammini	Alfa Romeo 3.0 V6	Scuderia ASM	2,0	0
15.	Paolo Marazzi	Alfa Romeo 3.0 V6	Scuderia ASM	2,0	0
17.	Franco Nugnes	Alfa Romeo 75 Turbo	New Race Team	1,0	0

Oben: Moreno Soli (Klasse A1 und A2)

Unten links: Nicola Larini (Klasse A1)

Unten rechts: Willy Lovato in der Klasse A1 im Einsatz für das New Race Team

Präsidenten der CSAI, alle auf Alfa Romeo 75 Turbo. In den ersten zwölf Rängen vermochten sich neben den Alfas nur zwei Renault 21 Turbo zu klassieren, also durchaus auch ein sehr gutes Endergebnis für die italienische Traditionsmarke.

Auch wenn in der Saison 1990 der ganz große Triumph mit einem Gesamtsieg in der neuen Superturismo-Klasse A1 ausblieb, konnte man bei Alfa Romeo trotzdem zufrieden sein mit den beiden Titeln in den Gruppen A2 und A3 und mit insgesamt 34 Siegen und 86 Podestplätzen in den 60 Rennen der Gruppen A1 bis A3 und N3.

Glücklose Doppelbesatzungen in Magione: Nicola Larini und Federico D'Amore (oben) lösten einander in Magione am Steuer ab, blieben jedoch ohne Punkte, ebenso wie Giorgio Francia und Gianfranco Ricci (Mitte) und Stefano Livio mit Luciano Lovato (unten).

N3 Schlussrangliste 1990 CIVT

Rang	Fahrer	Fahrzeug	Team	Punkte	Siege
1.	Andrea Pullè	Renault 21 Turbo	New Race Team	52,0	4
2.	Alessandro Bertei	Alfa Romeo 75 Turbo	New Race Team	48,0	2
3.	Giampiero Consonni	Alfa Romeo 75 Turbo	Italia Racing	42,0	2
4.	Silvio Melandri	Alfa Romeo 75 Turbo	CiBiEmme	33,0	1
5.	Marco Pescosolido	Alfa Romeo 75 Turbo	Autoscama	21,0	0
5.	Fabrizio Serena	Alfa Romeo 75 Turbo	Autoscama	21,0	0
7.	Umberto Araldi	Renault 21 Turbo	New Race Team	20,0	0
8.	Giuseppe Drudi	Alfa Romeo 75 Turbo	CiBiEmme	10,0	1
8.	Vincenzo Ferlito	Alfa Romeo 75 3.0 V6	Ferlito Motors	10,0	0
8.	Roberto De Antoni	Alfa Romeo 75 Turbo	Autoscama	10,0	0
11.	Francesco Zanetti	Alfa Romeo 75 Turbo	Autoscama	7,0	0
12.	Dario Moioli	Alfa Romeo 75 Turbo	CiBiEmme	2,0	0

Klasse A Schlussrangliste 1990 CIVT (OHNE Superturismo A1 und A2)

Rang	Fahrer	Fahrzeug	Team	Punkte	Siege
1.	Rinaldo Capello	VW Golf GTI	Zanghellini	90,0	8
2.	Giorgio Francia	Alfa Romeo 75 Turbo	Jolly Club	77,0	8
3.	Luigi Santandrea	Alfa Romeo 33 QV	RCM	64,0	3
4.	Tamara Vidali	VW Golf Syncro	Audi Team Europe	58,0	4
5.	Roberto Castagna	Ford Escort Rs Turbo	RCM	57,0	4
6.	Federico D'Amore	Alfa Romeo 75 Turbo	Jolly Club	57,0	1
11.	Stefano Milanesi	Alfa Romeo 75 Turbo	Tecnica Racing	46,0	0
19.	Antonio Palma	Alfa Romeo 75 Turbo	Tecnica Racing	24,0	0
26.	Walter Nocci	Alfa Romeo 75 Turbo	Tecnica Racing	16,0	0
33.	Massimo Di Risio	Alfa Romeo 75 Turbo	New Race Team	9,0	1
42.	Alberto Viglione	Alfa Romeo 75 Twinspark	Mosca Auto Racing	7,0	0

Klasse N Schlussrangliste 1990 CIVT

Rang	Fahrer	Fahrzeug	Team	Punkte	Siege
1.	Franco Zadotti	Peugeot 205 Rallye	Autotecnica Tamburini	75,0	5
2.	Walter Ceroni	Renault 5 Gt Turbo	RCM	74,0	4
3.	Giancarlo Naddeo	Peugeot 205 Gti 1.9	Del Leone	73,0	3
4.	Marco Naldini	Peugeot 205 Gti 1.9	RCM	67,0	2
5.	Gianni Giudici	Ford Sierra Cosworth	Scuderia Giudici	66,0	4
14.	Alessandro Bertei	Alfa Romeo 75 Turbo	New Race Team	48,0	2
17.	Giampiero Consonni	Alfa Romeo 75 Turbo	Italia Racing	42,0	2
30.	Silvio Melandri	Alfa Romeo 75 Turbo	CiBiEmme	33,0	1
43.	Marco Pescolsolido	Alfa Romeo 75 Turbo	Autoscama	21,0	0
43.	Fabrizio Serena	Alfa Romeo 75 Turbo	Autoscama	21,0	0

Absolute Schlussrangliste Klassen A3 bis N7 1990 CIVT (OHNE Superturismo)

Rang	Fahrer	Fahrzeug	Team	Punkte	Siege
1.	Rinaldo Capello	VW Golf GTI	Zanghellini	90,0	8
2.	Giorgio Francia	Alfa Romeo 75 Turbo	Jolly Club	77,0	8
3.	Franco Zadotti	Peugeot 205 Rallye	Autotecnica Tamburini	76,0	5
4.	Giancarlo Naddeo	Peugeot 205 Gti	Del Leone	75,0	3
5.	Walter Ceroni	Renault 5 Gt Turbo	Sadurano Sport	74,0	4
14.	Federico D'Amore	Alfa Romeo 75 Turbo	Jolly Club	53,0	1
22.	Alessandro Bertei	Alfa Romeo 75 Turbo	New Race Team	48,0	2
27.	Giampiero Consonni	Alfa Romeo 75 Turbo	Italia Racing	42,0	2
35.	Stefano Milanesi	Alfa Romeo 75 Turbo	Tecnica Racing	39,0	0
43.	Silvio Melandri	Alfa Romeo 75 Turbo	CiBiEmme	33,0	1

Oben links: Ein weiteres Regenrennen, und wie so oft sind die Alfas vorne dabei.

Oben rechts: Start zum Nachtrennen in Misano

Mitte links: In der Aufwärmrunde geht es noch gesittet zu.

Mitte rechts: Giorgio Francia kurz vor dem Start in Misano

Unten: Alessandro Bertei vom New Race Team (Gesamtzweiter in der Klasse N3)

Oben links: Gianfranco Ricci im Fight gegen einen Mercedes 190 E in der Klasse A1.

Oben rechts: Enrico de Benedetti (CiBiEmme), 1989 8. Rang in der Gruppe A2

Mitte links: Larini/D'Amore (Jolly Club) in der Gruppe A1 1989 in Maggione.

Mitte rechts: Gianfranco Brancatelli (New Race) 1990

Unten links: Eugenio Corsini (Tecnica Racing), 1990 drittbester Alfafahrer A1.

Unten rechts: Ohne die fleißigen Mechaniker läuft auch bei den Tourenwagen nichts.

Oben links: Einmal mehr war Nicola Larini der beste Alfa-Fahrer. 1990 klassierte er sich mit vier Rennerfolgen hinter den beiden BMW M3 Evolution von Roberto Ravaglia und Emanuele Pirro auf dem 3. Gesamtrang in der Gruppe A1.

Oben rechts und Mitte rechts: Massimo Di Risio von Tecnica Racing, auf beiden Fotos vor Federico D'Amore von Jolly Club, war neben Giorgio Francia (8 Siege) und Federico D'Amore (1 Sieg) der einzige Fahrer, der ebenfalls in der Klasse A3 einen Rennsieg erringen konnte.

Mitte links: Die Wagen der Gruppe N3 fuhren des Öfteren im Feld der Gruppen A1 und A2 gegen stärkere Konkurrenz. Gewertet wurde jedoch getrennt. Im Bild Alessandro Bertei vom New Race Team vor einem BMW M3

Unten links: Willy Lovato war einer von vier Fahrern, die 1990 in der Superturismo-klasse A1 für das New Race Team im Cockpit saßen.

Unten rechts: Gianfranco Brancatelli verteidigt sich erfolgreich gegen Steve Soper vom BMW-Team Bigazzi.

Oben: Der Klasse-N-Rennwagen ist bis auf wenige Modifikationen ein handelsüblicher Alfa Romeo 75 Turbo. Das Bild zeigt den Wagen von Fabrizio Serena zu Beginn der Saison 1990.

Mitte links: Ein Rennschalensitz und ein Überrollkäfig gehörten jedoch zur Sicherheitsausstattung.

Das Aggregat hatte mit 204 PS ein paar Pferdestärken mehr als die Serienversion.

Mitte rechts: Während der Meisterschaft wurde der Wagen von weiß auf grau umlackiert.

Unten: Zwei typische Klasse-N3-Alfas waren die von Silvio Melandri (2) und Fabrizio Serena (1).

CIVT Gruppe N3	75 1.8 Turbo
Zylinderzahl	4
Zylinderanordnung	in Reihe vorne längs
Bohrung x Hub (mm)	80 x 88,5
Hubraum (cm³)	1779
Max. Leistung (PS) bei U/min	204 bei 6000
Max. Drehmoment (Nm) bei U/min	284 bei 4500
Leistungsgewicht (kg/PS)	5,19
Steuerung	2 obenliegende Nockenwellen mit Kettenantrieb
Kraftstoffaufbereitung	LE2-Jetronic (Bosch) wassergekühlter Turbolader Garett T3, max. Ladedruck 1,7 Bar Ladeluftkühler
Zündung	elektronische, kontaktlose Zündung (Bosch)
Antrieb	auf die Hinterräder in Transaxle-Bauweise, dreifach gelagerte Kardanwelle mit Hardyscheiben, automatisches Sperrdifferenzial, geradeverzahntes Fünfganggetriebe plus R-Gang
Felgen	6.5 x 14 Zoll Speedline Rennfelgen
Bereifung	Pirelli Corsa 195/60-14
Lenkung	Zahnstangenlenkung
Vorderradaufhängung	Einzelradaufhängung mit Trapez-Dreiecksquerlenkern, Drehstabfedern, Bilstein Teleskopstoßdämpfern und Querstabilisator
Hinterradaufhängung	DeDion-Achse mit Zugstreben, Wattgestänge, Schraubenfedern, Bilstein Teleskopstoßdämpfern und Querstabilisator
Länge (mm)	4420
Breite (mm)	1660
Höhe (mm)	1360
Radstand (mm)	2510
Spurweite vorne (mm)	1395
Spurweite hinten (mm)	1380
Kraftstofftank (l)	49
Gewicht fahrbereit (kg)	1060
Höchstgeschwindigkeit (km/h)	220

Das Fahrzeug Klasse N3

In der Gruppe N waren nur wenige Modifikationen erlaubt. So durften nur sicherheitsrelevante Komponenten wie Fahrwerk, Felgen und Reifen, Bremsanlage und das Interieur mit Rennsitz angepasst werden. Zudem ließ sich das Gewicht durch den Ausbau etwa nicht benötigter Sitze und Teppiche reduzieren. Allerdings war ein Überrollkäfig Pflicht. Ansonsten musste der Wagen einem handelsüblichen Serienauto entsprechen.

Beim Motorentuning waren ebenfalls leistungssteigernde Anpassungen erlaubt, sofern die vorgegebene Toleranz gemäss Reglement nicht überschritten wurde. Die 204 PS des N3-Renners waren deshalb das maximal Erlaubte, damit das Turboaggregat des Alfa 75 noch regelkonform blieb.

CIVT Gruppe A3	75 1.8 Turbo
Zylinderzahl	4
Zylinderanordnung	in Reihe vorne längs
Bohrung x Hub (mm)	79,6 x 88,5
Hubraum (cm³)	1762
Max. Leistung (PS) bei U/min	280 bei 6000
Max. Drehmoment (Nm) bei U/min	441 bei 5000
Leistungsgewicht (kg/PS)	3,75
Steuerung	2 obenliegende Nockenwellen mit Kettenantrieb
Kraftstoffaufbereitung	LE2-Jetronic (Bosch) wassergekühlter Garrett AiResearch T03 Turbolader mit Ladeluftkühler max. Ladedruck 1,7 Bar
Zündung	elektronische, kontaktlose Zündung (Bosch)
Antrieb	auf die Hinterräder in Transaxle-Bauweise, dreifach gelagerte Kardanwelle mit Hardyscheiben, automatisches Sperrdifferenzial, geradeverzahntes Fünfganggetriebe plus R-Gang
Felgen	9 x 17 Zoll OZ Rennfelgen
Bereifung	Pirelli Corsa 225/620-17
Lenkung	Zahnstangenlenkung
Vorderradaufhängung	Einzelradaufhängung mit Trapez-Dreiecksquerlenkern, Drehstabfedern, Bilstein Teleskopstoßdämpfern und Querstabilisator
Hinterradaufhängung	DeDion-Achse mit Zugstreben, Wattgestänge, Schraubenfedern, Bilstein Teleskopstoßdämpfern und Querstabilisator
Länge (mm)	4420
Breite (mm)	1660
Höhe (mm)	1310
Radstand (mm)	2510
Spurweite vorne (mm)	1395
Spurweite hinten (mm)	1380
Kraftstofftank (l)	80
Gewicht fahrbereit (kg)	1050
Höchstgeschwindigkeit (km/h)	275

Oben: Das Klasse-A3-Rennauto hatte viel gemeinsam mit dem A1-Wagen. Es unterschied sich optisch nur durch den fehlenden Evoluzione-Aerodynamik-Kit.

Mitte: Mit 280 PS hatte das Triebwerk erheblich weniger PS als das seines stärkeren Bruders.

Darunter: Die Bremsen waren praktisch identisch mit denen des A1-Autos.

Unten: Der Arbeitsplatz der Rennfahrer im A3-Boliden

Das Fahrzeug Klasse A3

Bei den Fahrzeugen in der Klasse A3 war dagegen fast alles erlaubt. Da nur die Leistung der Rennwagen auf ein vorgegebenes Maximum begrenzt war, entsprachen die Autos beinahe Gruppe-A1-Niveau. Das Aggregat des 75ers generierte bei den A3-Wagen mit einem Garrett-T03-Lader stattliche 280 PS.

Bremsen, Fahrwerk, Räder und Interieur mit Rennschalensitz und Überrollkäfig entsprachen ebenfalls modernster Technik, genauso wie der Sicherheitskraftstofftank, der über der Hinterachse angeordnet war. So sollte bei einem Heckaufprall die Brandgefahr verringert werden. Außerdem war das vorteilhaft für Schwerpunkt und Antrieb.

Oben links: Der vierfache Saisonsieger Giorgio Francia

Oben rechts: Stefano Buttiero vom Team Motor Sport Italia

Mitte links: Das Fahrerlager hinter der Boxengasse

Unten links: Das Werbeplakat für das Rennen in Monza 1991

Unten rechts: Federico D'Amore in voller Fahrt in einem der beiden Klasse-3-Autos vom Team Jolly Club mit Sponsor Totip.

1991: Nachdem im Jahr zuvor die beiden Superturismo-Klassen A1 und A2 eingeführt worden waren, wurden sie nun fix als S1 und S2 im Rennkalender geführt. So erreichte die Serie ein neues Niveau an Qualität und Ansehen im europäischen Tourenwagensport. Die CIVT und vor allem die Superturismo zählten zu den beliebtesten Rennserien auf dem Kontinent und wurden von manch anderer nationalen Meisterschaft kopiert.

Das Geheimnis des Erfolgs bestand in der kontinuierlichen Verbesserung des technischen Niveaus bei den Werks- wie bei den Privatteams und in der Teilnahme von immer mehr professionellen und routinierten Piloten, die sich im internationalen Rennzirkus bereits ihre Sporen verdient hatten.

Ein weiterer Grund waren die längst legendären Zweikämpfe zwischen den beiden dominierenden Marken der 80er Jahre: BMW mit dem M3 und Alfa Romeo mit dem 75 Turbo. Die gewachsene Attraktivität des Tourenwagensports in Italien wurde auch vom staatlichen Fernsehen gewürdigt, und die öffentlich-rechtliche Rai übertrug zum ersten Mal ganze sieben Rennweekends live im Fernsehen, was wiederum viele neue Teams in den unteren Klassen und vor allem auch neue Sponsoren auf den Plan rief.

Mittlerweile stritten sich in den 13 Klassen S1 bis N7 durchschnittlich 215 Fahrer in zehn Rennen um Punkte und Pokale, wovon jeweils 15 auf die Gruppe S1 und zehn auf die Gruppe S2 fielen. Außer in der S1 nahmen Alfa 75 in den Klassen A1 und N3 teil. Um die Startfelder größer und attraktiver zu machen und um das Ganze organisatorisch überhaupt an einem Wochenende unter einen Hut zu bringen, trugen die „Alfa-Gruppen" ihre Rennen gemeinsam mit anderen aus: S1 mit S2, A1 mit A3 und N3 mit N5. So fuhren in diesen Rennen jeweils 25 bis 30 Fahrzeuge um den Sieg, der dann einzeln pro Gruppe gewertet wurde.

CIVT 1991 Superturismo S1	23.–24.03. Monza Lauf 1/Lauf 2	13.–14.04. Magione Lauf 1/Lauf 2	18.–19.05. Pergusa Lauf 1/Lauf 2	08.–09.06. Vallelunga Lauf 1/Lauf 2	22.–23.06. Misano Lauf 1/Lauf 2	06.–07.07. Binetto Lauf 1/Lauf 2	20.–21.07. Mugello Lauf 1/Lauf 2	14.–15.09. Varano Lauf 1/Lauf 2	28.–29.09. Magione Lauf 1/Lauf 2	13.–13.10. Monza Lauf 1/Lauf 2
Francia	2/1	3/3	2/0	3/2	3/2	1/1	3/3	3/10	1/2	3/6
Larini			3/0		7/3		1/2	4/3		1/1
Soli	7/6	7/12	0/2	7/4	11/12	0/4	7/5	5/4	4/7	6/7
Buttiero	4/12	0/8		8/9	2/5	3/0	0/7	6/6	5/0	
Tamburini	14/0								2/1	2/5
Barenghi							0/6	7/5	0/5	8/8
Brancatelli	8/4	5/6					6/17			
Ricci						5/5	12/15			
Rossi	6/3	9/11		13/0	8/6	0/7	11	0/8	8/0	
D'Amore		4/4								
Giudici	0/10	6/5		0/6	0/10			9/9		
Angelelli				4/5						
Peduzzi									9/6	11/0
Drovandi							5/0			
Schiattarella						6/0				

Das Rennen vom 18./19.05 in Pergusa wurde als 2 Stunden-Rennen à 2 Läufe zu 60 Minuten ausgetragen.
Gewertet wurde dann das Gesamtresultat als Mini-Endurance.

CIVT 1991 Klasse A1	24.03. Monza	14.04. Magione	19.05. Pergusa	09.06. Vallelunga	23.06. Misano	07.07. Binetto	21.7. Mugello	15.09. Varano	29.09. Magione	13.10. Monza
Gori							4	5	5	5
Giudici	2	2	1	3	3					
Mastrangelo										6
Milanesi					2					
Merzario										3
Nocci				4						
Gunella				5						

CIVT 1991 Klasse N3	24.03. Monza	14.04. Magione	19.05. Pergusa	09.06. Vallelunga	23.06. Misano	07.07. Binetto	21.7. Mugello	15.09. Varano	29.09. Magione	13.10. Monza
Ferlito	1	1	1	3	1	1	5	1	2	
Pescosolido	2	3	2	2	2	4	2		3	3
Montani		7		1		2	1	5	1	2
Mosca	5			5				2		
Petrucci					4		3			
Comana	7	4								
Melandri							4			
Pane				6						
Zanetti	8									
Pagni							9		7	

Links: Nicola Larini vom Team Jolly Club
Rechts: Graziano Rossi von Biesse Corse

Oben: Federico D'Amore, der Jolly-Club-Teamkollege von Giorgio Francia und Nicola Larini, in Aktion

Mitte: In der Gruppe N3 klassierten sich die zwei Autoscama-Teamkollegen Marco Pescosolido und Sandro Montani hinter Vincenzo Ferlito auf den Plätzen zwei und drei

Unten: Letzte Kontrollen kurz vor dem Start an den Fahrzeugen von Gianni Giudici und Moreno Soli

Superturismo S1 Schlussrangliste 1991 CIVT

Rang	Fahrer	Fahrzeug	Team	Punkte	Siege
1.	Roberto Ravaglia	BMW M3 Sport Evolution	CiBiEmme	299,0	9
2.	Giorgio Francia	Alfa Romeo 75 Turbo Evoluzione	Jolly Club	248,0	4
3.	Emanuele Pirro	BMW M3 Sport Evolution	CiBiEmme	138,0	2
4.	Moreno Soli	Alfa Romeo 75 Turbo Evoluzione	Scuderia Guercino	122,0	0
5.	Nicola Larini	Alfa Romeo 75 Turbo Evoluzione	Jolly Club	121,0	3
6.	Stefano Buttiero	Alfa Romeo 75 Turbo Evoluzione	Motor Sport Italia	75,0	0
7.	Antonio Tamburini	Alfa Romeo 75 Turbo Evoluzione	Jolly Club	58,0	1
8.	Paolo Barilla	BMW M3 Sport Evolution	CiBiEmme	57,0	0
9.	Andrea Barenghi	Alfa Romeo 75 Turbo Evoluzione	Motor Sport Italia	55,0	0
10.	Luca Maggiorelli	BMW M3 Sport Evolution	CiBiEmme	54,0	0
11.	Ermanno Ronchi	BMW M3 Sport Evolution	CiBiEmme	51,0	0
12.	Gianfranco Brancatelli	Alfa Romeo 75 Turbo Evoluzione	Tecnica Racing	33,0	0
13.	Gianfranco Ricci	Alfa Romeo 75 Turbo Evoluzione	Jolly Club	30,0	0
14.	Graziano Rossi	Alfa Romeo 75 Turbo Evoluzione	Biesse Corse	29,0	0
15.	Gianni Giudici	Alfa Romeo 75 Turbo Evoluzione	Scuderia Giudici	25,0	0
16.	Federico D'Amore	Alfa Romeo 75 Turbo Evoluzione	Jolly Club	20,0	0

A1 Schlussrangliste 1991 CIVT

Rang	Fahrer	Fahrzeug	Team	Punkte	Siege
1.	Marco Micangeli	BMW M3	Scuderia Vesuvio	99,0	8
2.	Gianni Giudici	Alfa Romeo 75 Turbo	Scuderia Giudici	37,0	1
2.	Maurizio Micangeli	BMW M3	Scuderia Vesuvio	37,0	1
4.	Maurizio Lusuardi	Ford Sierra Cosworth	Città di Castelfranco	14,0	0
5.	Stefano Gori	Alfa Romeo 75 Turbo	Tecnica Racing	13,0	0
5	Gianluca Roda	Ford Sierra Cosworth	Greyhound Racing Srl	13,0	0
5.	Carlo Pietromarchi	BMW 635 Csi	Progetto Corse Racing	13,0	0
5.	Massimo Perazza	BMW 635 Csi	Immagine & Sport	13,0	0
5.	Ademaro Massa	BMW M3	William Sala Racing	13,0	0
5.	Giuseppe Zarpellon	BMW M3	Privat Team	13,0	0
11.	Claudio Mastrangelo	Alfa Romeo 75 Turbo	Tecnica Racing	12,0	0
12.	Federico D'Amore	BMW 635 Csi	Jolly Club	10,0	0
13.	Sandro Merlotto	BMW M3	William Sala Racing	9,0	0
14.	Stefano Milanesi	Alfa Romeo 75 Turbo	Tecnica Racing	8,0	0
15.	Franco Pini	BMW M3	William Sala Racing	6,0	0
16.	Arturo Merzario	Alfa Romeo 75 3.0 V6	Ferlito Racing	5,0	0
17.	Massimiliano Nocci	Alfa Romeo 75 Turbo	Tecnica Racing	4,0	0
18.	Renato Benusiglio	Alfa Romeo 75 3.0 V6	SRM Team	3,0	0
18.	Marcello Gunella	Alfa Romeo 75 Turbo	Tecnica Racing	3,0	0
20.	Sergio Secchi	Lancia Delta Integrale Turbo 16V	Top Run	2,0	0

Oben links: Vincenzo Ferlito, der Champion der Gruppe N3. Trotz Saugmotor deklassierte Ferlito mit seinem Alfa 75 3.0 V6 sämtliche Turbokonkurrenz auf die weiteren Plätze. Er gewann souverän 6 der 10 Rennen.

Oben rechts: Andrea Barenghi vom Team Motor Sport Italia, abseits der Piste

Unten links: Gentleman-Driver Gianni Giudici geht mit vollem Einsatz über die Curbs.

Unten rechts: Antonio Tamburini (5) vor Giorgio Francia (4), beide fuhren für Jolly Club

In der Superturismo-Klasse S1 waren, wie in der Saison 1990, wiederum die BMW M3 Sport die stärksten Konkurrenten der Alfas. Vorjahressieger Roberto Ravaglia, vom BMW Italia Team CiBiEmme, sicherte sich zwar erneut den Titel mit neun Siegen und 299 Punkten, aber Giorgio Francia vom Alfa-Romeo-Werksteam Jolly Club Totip kämpfte mit dem BMW Piloten bis zum zweitletzten Rennen noch um den Titel. Mit unglaublicher Konstanz reihte Francia Podestplatz an Podestplatz und erreichte nach 20 Rennen, mit vier Siegen und 13 weiteren Plätzen auf dem Siegertreppchen 248 Punkte. So sicherte er sich den bemerkenswerten zweiten Gesamtrang in der prestigeträchtigen Gruppe S1.

Hinter dem zweiten BMW-Fahrer Emanuele Pirro klassierte sich, trotz viel kleineren Budgets, Privatfahrer Moreno Soli mit seinem Alfa 75 Evoluzione auf dem vierten Rang, knapp vor Giorgio Francias Teamkollege Nicola Larini und Stefano Buttiero vom Team Motor Sport Italia. Auch wenn die Krone in der Königsklasse einmal mehr den Münchnern überlassen werden musste, war die Saison 1991 ein großer Erfolg für Alfa Romeo. Unter den besten Fünfzehn fanden sich am Ende der Saison nicht weniger als zehn Alfa 75 in der Rangliste, fünf davon alleine unter den ersten sieben.

In der Gruppe A1 sah es nicht ganz so rosig aus. Gianni Giudici, der sich außer in der Gruppe A1 auch in der Superturismoklasse S1 engagierte, in der er 15. wurde, erreichte als bestplatzierter Alfa-75-Fahrer zwar ebenfalls einen guten zweiten Gesamtrang für Alfa Romeo, punktgleich mit dem BMW-Piloten Maurizio Micangeli. Dessen

N3 Schlussrangliste 1991 CIVT

Rang	Fahrer	Fahrzeug	Team	Punkte	Siege
1.	Vincenzo Ferlito	Alfa Romeo 75 3.0 V6	Ferlito Racing	85,0	6
2.	Marco Pescosolido	Alfa Romeo 75 Turbo	Autoscama	61,0	0
3.	Sandro Montani	Alfa Romeo 75 Turbo	Autoscama	52,1	3
4.	Fabrizio Serena	Alfa Romeo 164 3.0 V6 QV	Jolly Club	40,0	0
5.	Andrea Pullè	Volvo 480 Turbo	Team Sauro	35,0	1
6.	Giorgio Cipolli	Volvo 480 Turbo	Team Sauro	27,0	0
7.	Giovanni Mastrangelo	Ford Escort RS Turbo	Adriatico Corse	26,0	0
8.	Tiziano Mosca	Alfa Romeo 75 Turbo	Mosca Auto Racing	16,0	0
9.	Carlo Petrucci	Alfa Romeo 75 Turbo	CiBiEmme	11,0	0
10.	Franco Nugnes	Volvo 480 Turbo	Team Sauro	8,0	0
11.	Ivano Comana	Alfa Romeo 75 Turbo	CiBiEmme	7,0	0
11.	Carlo Alberto	Ford Escort RS Turbo	RUO Team	7,0	0
13.	Silvio Melandri	Alfa Romeo 75 Turbo	CiBiEmme	6,0	0
14.	Luigi Pane	Alfa Romeo 75 Turbo	CiBiEmme	4,0	0
15.	Mario Gentili	Ford Escort RS Turbo	Gentili Corse	2,0	0
15.	Francesco Zanetti	Alfa Romeo 75 Turbo	Tecnica Racing	2,0	0
17.	Alessandro Pagni	Alfa Romeo 75 Turbo	CiBiEmme	1,0	0

Klasse A Schlussrangliste 1991 CIVT (OHNE Superturismo S1 und S2)

Rang	Fahrer	Fahrzeug	Team	Punkte	Siege
1.	Giancarlo Naddeo	Alfa Romeo 33 16V	New Team	108,0	9
2.	Marco Micangeli	BMW M3	Scuderia Vesuvio	99,0	8
3.	Augusto Rossetti	VW Golf GTI	Duegi	77,0	2
4.	Giuseppe Anastasi	Fiat Uno Turbo	Tirreno Corse	61,0	2
5.	Roberto Castagna	Ford Escort RS Turbo	Team Lombardi	58,0	4
6.	Vito Ciraci	Opel Kadett Gsi 16V	Pica Racing	55,0	2
7.	Alexandra Gallo	Alfa Romeo 33 16V	Jolly Club	46,0	0
8.	Gianni Assirati	Alfa Romeo Alfasud Sprint	Biesse Corse	45,0	0
13.	Gianni Giudici	Alfa Romeo 75 Turbo	Scuderia Giudici	37,0	1
36.	Claudio Gori	Alfa Romeo 75 Turbo	Tecnica Racing	13,0	0
42.	Claudio Mastrangelo	Alfa Romeo 75 Turbo	Tecnica Racing	12,0	0

Klasse N Schlussrangliste 1991 CIVT

Rang	Fahrer	Fahrzeug	Team	Punkte	Siege
1.	Pietro Negra	Peugeot 205 Rallye	Autotecnica Tamburini	95,0	5
2.	Pierluigi Grassetto	Opel Kadett Gsi 16V	Carening Tuning	92,0	5
3.	Vincenzo Ferlito	Alfa Romeo 75 3.0 V6	Ferlito Racing	85,0	6
4.	Roberto Russo	Nissan Skyline Gtr	Top Run	84,0	4
5.	Marco Antonelli	Peugeot 309 Gti	AB Motorsport	79,0	3
13.	Marco Pescosolido	Alfa Romeo 75 Turbo	Autoscama	61,0	0
18.	Sandro Montani	Alfa Romeo 75 Turbo	Autoscama	52,0	3

Bruder Marco, ebenfalls auf BMW M3, sicherte sich allerdings den Titel mit großem Vorsprung. Stefano Gori, der zweitbeste Alfafahrer, belegte den 5. Gesamtplatz hinter dem Ford Sierra Cosworth von Maurizio Lusuardi. Der nächste Alfa fand sich in der Tabelle jedoch erst an elfter Stelle mit Claudio Mastrangelo am Steuer, Stefano Milanesi wurde 14.

Für eine interessante Randnotiz sorgte die Rennfahrerlegende Arturo Merzario. Er bestritt für Ferlito Racing mit einem Alfa 75 3.0 V6 nur das letzte Rennen in Monza, erreichte aber den dritten Platz, was ihm zugleich den 16. Gesamtrang im Schlussklassement einbrachte.

Einen Triumph feierte Alfa Romeo in der Klasse N3. Wider Erwarten düpierte Vincenzo Ferlito sämtliche Turbofahrzeuge mit seinem teameigenen Alfa 75 3.0 V6 und triumphierte in sechs von zehn Rennen. Mit 85 Punkten und 24 Punkten Vorsprung auf den ersten Verfolger Marco Pescosolido vom Team Autoscama sicherte er sich souverän die Meisterschaft.

Dritter wurde mit Sandro Montani ein weiterer 75-Turbo-Pilot, wie Pescosolido ebenfalls ein Fahrer vom Team Autoscama, dem größten Alfa-Romeo-Konzessionär in Rom. Bemerkenswerter Vierter wurde CSAI-Präsident Fabrizio Serena mit einem vor der Saison als chancenlos eingestuften Alfa 164 3.0 QV. Dahinter platzierten sich zwei Volvo 480 Turbo und ein Ford Escort RS Turbo vor zwei weiteren Alfa 75 Turbo. Champion Ferlito belegte mit seinen 85 Punkten in der Rangliste aller N-Gruppen den dritten und in der abschließenden Gesamtwertung den fünften Platz.

Nach dieser Saison beendete Alfa Romeo Ende 1991 offiziell das Engagement in der CIVT mit dem Alfa 75. In den fünf Jahren Tourenwagensport in Italien von 1987 bis 1991 holten 75er-Piloten 102 Siege und 296 Podestplätze, davon allein in der Königsklasse (Gruppe A1/S1) 33 Siege in 100 Rennen.

Ab 1992 wurde der Alfa 75 Turbo Evoluzione nur noch von Privatteams eingesetzt, zum Teil nach wie vor sehr erfolgreich. Erwähnenswert ist der Gesamtsieg 1993 von Danilo Mozzi in der Gruppe A2, in der Gesamtwertung der Klasse A belegte er den vierten Platz. Das Werk hingegen engagierte sich fortan, wieder unter dem Namen der hauseigenen Rennschmiede Alfa Corse, sehr erfolgreich mit dem Nachfolger, dem Alfa 155 GTA im Campionato Italiano Velocità Turismo in der Superturismo-Klasse S1 und ab 1993 mit dem 155 V6 Ti in der deutschen Tourenwagenmeisterschaft, der DTM. Mit diesen neuen, technisch hoch entwickelten Rennwagen ging Alfa Romeo in eine weitere glänzende Rennsport-Epoche. Doch das ist eine andere Geschichte.

Absolute Schlussrangliste Klassen A1 bis N7 1991 CIVT (OHNE Superturismo S1 und S2)

Rang	Fahrer	Fahrzeug	Team	Punkte	Siege
1.	Giancarlo Naddeo	Alfa Romeo 33 16V	New Team	115,0	9
2.	Marco Micangeli	BMW M3	Scuderia Vesuvio	99,0	8
3.	Pietro Negra	Peugeot 205 Rallye	Autotecnica Tamburini	95,0	5
4.	Pierluigi Grassetto	Opel Kadett Gsi 16V	Carening Tuning	92,0	5
5.	Vincenzo Ferlito	Alfa Romeo 75 3.0 V6	Ferlito Racing	85,0	6
16.	Marco Pescosolido	Alfa Romeo 75 Turbo	Autoscama	61,0	0
24.	Sandro Montani	Alfa Romeo 75 Turbo	Autoscama	52,0	3
46.	Claudio Mastrangelo	Alfa Romeo 75 Turbo	Tecnica Racing	38,0	0
47.	Gianni Giudici	Alfa Romeo 75 Turbo	Scuderia Giudici	37,0	1

Der Alfa Romeo 155 war ein würdiger Nachfolger des Alfa 75 im Rennsport, er war sogar noch erfolgreicher. Mit ihm gewann Alfa Corse 1992 auf Anhieb die italienische Superturismoklasse S1 in der CIVT (unten rechts) und im Jahr darauf sogleich auch noch die prestigeträchtige Deutsche Tourenwagenmeisterschaft DTM (unten links), beide Male mit Nicola Larini am Steuer. Mit dem 155 beteiligte sich Alfa Romeo noch bis 1997 werksmäßig an Tourenwagenrennen (oben).

Fotos: Peter Collins

Das Fahrzeug Klasse A1/S1

Die Alfa-75-Rennwagen in der Klasse A1 wurden seit 1987 stetig weiterentwickelt. Die Motoren der letzten Evolutionsstufe leisteten 1991 in der Klasse S1 mit 1,8 Litern Hubraum beeindruckende 440 PS. Zu verdanken war das einem größeren Turbolader, verbesserter Motorelektronik und Ladeluftkühlung sowie dem Einsatz von Hightech-Komponenten im Motorenbau.

Auch das höhenverstellbare Gewindefahrwerk und die Hochleistungsbremsanlage von Brembo waren seinerzeit Spitzentechnik. Wie bei den meisten Rennwagen von Alfa Romeo mit Transaxle-Antrieb wurden die hinteren Bremsen nach außen in die Radkästen verlegt. Das erforderte eine komplett neue Hinterachse, an der sich auch die Lenkgeometrie perfekt einstellen ließ.

Superturismo Gruppe S1	75 1.8 Turbo Evoluzione
Zylinderzahl	4
Zylinderanordnung	in Reihe vorne längs
Bohrung x Hub (mm)	79,6 x 88,5
Hubraum (cm³)	1762
Max. Leistung (PS) bei U/min	440 bei 6000
Max. Drehmoment (Nm) bei U/min	667 bei 5000
Leistungsgewicht (kg/PS)	2,44
Steuerung	2 obenliegende Nockenwellen mit Kettenantrieb
Kraftstoffaufbereitung	Magnetti Marelli IAW wassergekühlter, Garrett T5 Turbolader mit Ladeluftkühler max. Ladedruck 2,5 Bar
Zündung	elektronische, kontaktlose Zündung (Magnetti Marelli)
Antrieb	auf die Hinterräder in Transaxle-Bauweise, dreifach gelagerte Kardanwelle mit Hardyscheiben, automatisches Sperrdifferenzial, geradeverzahntes Fünfganggetriebe plus R-Gang
Felgen	10 x 17 Zoll Tecnomagnesio Rennfelgen
Bereifung	Yokohama 245/620, 245/640-17
Lenkung	Zahnstangenlenkung
Vorderradaufhängung	Einzelradaufhängung mit Trapez-Dreiecksquerlenkern, Drehstabfedern, Bilstein Teleskopstoßdämpfern und Querstabilisator
Hinterradaufhängung	DeDion-Achse mit Zugstreben, Wattgestänge, Schraubenfedern, Bilstein Teleskopstoßdämpfern und Querstabilisator
Länge (mm)	4330
Breite (mm)	1678
Höhe (mm)	1300
Radstand (mm)	2510
Spurweite vorne (mm)	1395
Spurweite hinten (mm)	1390
Kraftstofftank (l)	80
Gewicht fahrbereit (kg)	976
Höchstgeschwindigkeit (km/h)	300

Alfa Romeo steigerte in den Jahren von 1987 bis 1991 die Motorleistung kontinuierlich von 280 auf beachtliche 440 PS. Dies konnte durch verschiedene Modifikationen an Ansaugsystem und Kühlung und durch die Verwendung größerer Turbolader mit besserem Ansprechverhalten erreicht werden.

Zwei Alfa Romeo 75 des RSM-Teams von Dr. Helmut Marko, dem heutigen Motorsportchef von Red Bull F1.

Nationale Meisterschaften und Rallyesport

Neben all den zuvor erwähnten Motorsporteinsätzen wurde der Alfa 75 in zahlreichen weiteren Rennen eingesetzt, jedoch ausschließlich von Privatfahrern und ohne Werksunterstützung. Nationale Meisterschaften zählten ebenso zum Tummelfeld der ambitionierten Piloten wie Rallyes und 24-Stunden- oder Slalomrennen. Wegen der enorm großen Zahl von Einsätzen findet sich auf den folgenden Seiten eine repräsentative Auswahl.

24-Stunden-Rennen

Bei den traditionsreichen 24-Stunden-Rennen wie in Le Mans, in Spa-Francorchamps und in der „grünen Hölle“ Nürburgring traten ab Ende 1986 immer wieder Privatteams an, die mitunter ansehnliche Resultate einfuhren. Immerhin lässt sich schon ein Zieleinlauf nach 24 Stunden Vollgas als großartiger Erfolg feiern. Wenige Rennen gehen derart an die Substanz von Mensch und Mechanik wie Dauerbelastungen solcher Art.

Der Italobelgier Luigi Cimarosti, der auch für den ersten Prototypen des Evoluzione verantwortlich zeichnete, präparierte in Eigenregie mit seinem Team Luigi-Racing zwei Gruppe-A-Racer auf Basis des Alfa 75. Die beiden Rennwagen mit dem 1,8-Liter-Turbo setzte er dann 1986 in den letzten 24-Stunden-Rennen des Jahres in Silverstone, Spa-Francorchamps und Zolder ein.

Die Fahrzeuge waren allerdings noch nicht mit dem Evoluzione-Bodykit bestückt, da es für die Gruppe A noch nicht homologiert war. Luigi kämpfte mit den Tücken der Bosch-Motorelektronik und erreichte trotz mehr als 300 PS nicht die gewünschten Erfolge.

Mit den Fahrern Lombardi, Drovandi und Castagna reichte es dennoch für den beachtenswerten 8. Rang in Spa. Der zweite Wagen, pilotiert von Massimo Siena, Romeo Camathias und José Angel Sasiambarrena sah die Zielflagge jedoch nicht. 1987 nahm Cimarostis Team erneut an einigen Rennen teil, nun allerdings mit einem 75 Evoluzione. In Spa konnte sein Wagen mit den Fahrern Cremer, Curti und De Sordi den 17 Platz einfahren.

Das RSM-Team von Dr. Helmut Marko versuchte sich ebenfalls in den Langstreckenrennen. Als eines von vielen nahm es 1990 das Abenteuer auf der Nordschleife in Angriff. Die von Alfa Romeo Deutschland beauftragte Grazer RSM-Mannschaft brachte gar drei ihrer vier in der Gruppe N gestarteten Alfa Romeo 75 2.0 Twinspark ins Ziel, während sehr viele favorisierte Teams aufgeben mussten – eine große Genugtuung für alle Beteiligten und Lohn genug, um für all die Strapazen zu entschädigen.

CET 1991	3.0 V6 America
Zylinderzahl	6
Zylinderanordnung	V6- Anordnung vorne längs
Bohrung x Hub (mm)	93 x 72,6
Hubraum (cm³)	2959
Verdichtungsverhältnis	10,5 : 1
Max. Leistung (PS/kW) bei U/min	260 bei 6000
Max. Drehmoment (Nm) bei U/min	385 bei 4200
Steuerung	2 obenliegende Nockenwellen mit Zahnriemenantrieb
Kraftstoffaufbereitung	LE-Jetronic 4.1 (Bosch)
Zündung	elektronische, kontaktlose Zündung (Bosch)
Batterieleistung (Ah)	60
Lichtmaschine (A)	70
Antrieb	auf die Hinterräder in Transaxle-Bauweise, dreifach gelagerte Kardanwelle mit Hardyscheiben, 50% Sperrdifferenzial
Felgen	7,5 x 16 Zoll Tecnomagnesio Rennfelgen
Bereifung	Pirelli Corsa 225/595-16
Lenkung	Zahnstangenlenkung
Wendekreisdurchmesser (m)	10,1
Lenkradumdrehungen	3,5
Vorderradaufhängung	Einzelradaufhängung mit Trapez-Dreiecksquerlenkern, Teleskop-stoßdämpfern mit integrierten Schraubenfedern und Quer-stabilisator
Hinterradaufhängung	DeDion-Achse mit Zugstreben, Wattgestänge, Schraubenfedern, Teleskopstoßdämpfern und Quer-stabilisator
Bremsscheiben vorne (mm)	315 (Lockheed, Stahl innenbelüftet)
Bremsscheiben hinten (mm)	260 (Brembo, Stahl innenbelüftet)
Länge (mm)	4420
Breite (mm)	1660
Höhe (mm)	1400
Radstand (mm)	2510
Spurweite vorne (mm)	1396
Spurweite hinten (mm)	1382
Kraftstofftank (l)	40
Gewicht fahrbereit (kg)	1055
Höchstgeschwindigkeit (km/h)	270

Spanien

In Spanien ist Motorsport seit jeher sehr beliebt, und der Tourenwagensport ist besonders populär. Auch Alfa-75-Piloten haben an der CET (Campeonato de España de Turismos) in den Gruppen A und N teilgenommen. Erwähnenswert sind Luis Villamil und der ehemalige Formel-1-Fahrer Luis Pérez Sala. Anders als in den meisten anderen europäischen Wettkämpfen startete man in Spanien jedoch nicht mit dem Turbomodell, sondern mit dem 3.0 V6 America.

Villamil versuchte nach seinem Titelgewinn von 1988 auf Alfa 33 in der Gruppe N sein Glück 1989 mit dem Alfa 75. Sein Dreiliter-V6 wurde vom spanischen Jolly Club

Luis Villamil, der größte Konkurrent von Sala, im Titelkampf

Team auf 230 PS frisiert. Auf Anhieb gelang ihm die Titelverteidigung, und er gewann gegen Fahrzeuge wie Ford Sierra Cosworth, Renault 21 Turbo, Toyota Corolla und natürlich gegen den obligaten Hauptkonkurrenten BMW M3 die Meisterschaft.

Auch im Jahr darauf blieb Villamil das Maß aller Dinge mit seinem 3.0 America. 1991 wurden die strengen Regeln der CET gelockert, nun durften erhebliche Modifikationen an Motor, Aufhängung und Bremsanlage vorgenommen werden. Das iberische Jolly Club Team setzte zwei Alfa 75 V6 ein, die der Italiener Luigi Marchesi präpariert hatte.

Die beiden grünlackierten Fahrzeuge mit dem Sponsor „Surfing" waren professionell auf die neue Saison vorbereitet. Das Aggregat leistete stattliche 260 PS. Eine Keramikkupplung, ein 50-prozentiges Sperrdifferenzial, Pirelli-Corsa-Reifen auf Tecnomagnesio-Felgen und eine Racing-Bremsanlage taten das Ihre für einen erfolgreichen Einsatz.

Dank leichter Plexiglas-Seitenscheiben, einem Plastikbenzintank und einer Gewichtsreduktion durch Entfernung unnötiger Bauteile wog der Wagen rennbereit nur noch 1055 kg. Mit diesem Renngerät entschied Luis Pérez Sala die Saisons 1991 und 1992 für sich, größter Konkurrent war jeweils ein weiterer Alfa 75 Fahrer, sein Teamkollege Luis Villamil mit einem identischen Rennwagen.

1993, als vielerorts bereits der Alfa 155 in den Tourenwagenrennen eingesetzte wurde, setzte Jolly Club in Spanien immer noch auf den 3.0 America, die Erfolge waren jedoch eher bescheiden, die modernere und technisch weiter fortgeschrittene Konkurrenz war mittlerweile bedeutend stärker. Trotzdem ließ sich das Abenteuer CET für Alfa Romeo mit dem 75 nach fünf Jahren mit vier Titeln als überaus erfolgreich bezeichnen.

Links: Saison 1991 mit Salvatore Santisi (Nr. 9), Bert van der Heiden (Nr. 17) und Joep Colijn (Nr. 18).

Rechts: 1991, Allard Kalff ersetzte Paul van Splunteren und führt hier das Feld in Zandvoort an

Niederlande

Auch in den Niederlanden gab es mit der DTCC (Dutch Touring Car Championship) eine eigene Meisterschaft. Die Rennen dieser Serie wurden auf der Strecke von Zandvoort sowie im belgischen Zolder und auf dem luxemburgischen Kurs Colmar-Berg ausgetragen. 1989 nahm Paul van Splunteren mit einem Alfa 75 2.0 Twin Spark in der Gruppe N der DTCC teil.

Das rote Fahrzeug mit Hauptsponsor Playboy wurde bereits im Werk mit einer Einschichtlackierung bestellt, um Gewicht zu sparen. Zusammen mit ultraleichten Spezialfelgen von Tecnomagnesio und weiteren gewichtseinsparenden Modifikationen wog der Wagen nur noch 1005 kg. Außerdem wurden das Motormanagement optimiert, das Fahrwerk tiefergelegt und Pirelli-Rennslicks auf die 6.5 x 14 Zoll Felgen aufgezogen.

Zu den Rivalen zählten Nissan Sunny GTI, Opel Kadett GSI, Citröen BX GTI und einige Alfa 33. Mit 158 PS gehörte der Twin Spark nicht zu den stärksten Wagen der Gruppe N mit weniger als zwei Litern Hubraum, dennoch gewann Paul van Splunteren 1989 sechs von zehn Rennen, womit er sich den zweiten Rang im Schlussklassement sichern konnte.

1990 bekam das Team von Stef Visser und Carly Motors mit Olivetti einen zweiten Hauptsponsor. Nun ließen sich zwei Alfa 75 Twin Spark für die neue Saison präparieren. Als Teamkollege von Paul van Splunteren kam Frans Vörös im zweiten Rennwagen zum Einsatz. Mit dem Siegerfahrzeug von 1989 hingegen ging Wout van Reenen an den Start.

Die Meisterschaft umfasste neun Rennen, sieben Mal wurde in Zandvoort gefahren, einmal in Zolder und einmal in Colmar-Berg. Mit drei Siegen und sechs weiteren Punkterängen stand am Ende der Saison Paul van Splunteren als Gesamtsieger fest, Wout van Reenen sicherte sich mit dem letztjährigen Championwagen den zweiten Platz.

1991 löste Sony Sponsor Olivetti ab, und Allard Kalff ersetzte Paul van Splunteren. Mit Franz Vörös bildete Kalff das neue Team Alfa Romeo Nederland. Mittlerweile genoss der Alfa 75 auch in den Niederlanden großes Ansehen im Motorsport, und es fuhren sechs weitere Alfa Romeo 75 in der DTCC mit. Diese wurden pilotiert von den Privatfahrern Salvatore Santisi, Joep Colijn, Huib Onderstal, Bert van der Heiden, Wout van Reenen und Michel Opreij. Allard Kalff beendete die Saison 1991 auf dem zweiten Gesamtrang, während sich Frans Vörös Platz sechs sicherte.

Der 75 sorgte somit auch in den ohnehin Alfa-affinen Niederlanden für drei erfolgreiche Jahre im Rennsport und bescherte Alfa Romeo Nederland gute Verkaufszahlen. Im Folgejahr setzte man dann allerdings auch in der DTCC mit dem Alfa 33 auf neues Material, bevor 1993 der 155 an den Start ging.

Portugal

Nachdem Lokalmatador Rufino Fontes 1983 die portugiesische Meisterschaft mit einem GTV6 gewonnen hatte, versuchte er sein Glück 1987 mit einem 75 Turbo Evoluzione. Er gewann damit ein 3-Stunden Rennen und war auch sonst mit dem 310 PS starken 75er konkurrenzfähig genug, um ganz vorn mitzufahren. Auf dem Circuito de Villa do Conde etwa klassierte er sich am Ende auf Rang 5.

Links: Das Feld der Schweizer Meisterschaft mit Carlo Lusser, Kurt Graf und weiteren Alfa 75

Unten links: Carlo Lusser, Schweizermeister 1988

Unten Mitte: Kurt Graf bei einem Bergrennen

Unten rechts: Marco Graf in der Alfa Challenge NL

Schweiz

Da muss Carlo Lusser erwähnt werden, der Schweizer Meister bei Serienwagen von 1988. Er hat damals mit seinem 75 3.0 America, einem relativ schweren Auto, einer weitaus stärkeren Konkurrenz Paroli geboten. Mit neun Siegen in dreizehn Rennen, sechs Streckenrekorden sowie elf Trainingsbestzeiten fiel seine Bilanz durchwegs positiv aus.

Außerdem fuhr Kurt Graf, ebenfalls auf 3.0 V6 America, in der Schweizer Meisterschaft mit, und sein Sohn Marco beteiligte sich danach eine lange Zeit mit dem ehemaligen Alfa 75 Turbo Evoluzione von Nicola Larini aus der CIVT in der niederländischen Alfa Romeo Challenge. Auch Roland Beck gehörte zur Schweizer Rennszene. Er fuhr regelmäßig in Slalomrennen mit.

Oben links: Marco Graf, unterwegs in der Alfa Romeo Challenge, mit dem ehemaligen Werks-Evoluzione von Nicola Larini

Oben rechts: Mit dem schwarzen Alfa 75 beteiligte sich Roland Beck aktiv an Schweizer Slalomrennen.

Darunter: Diverse Eindrücke von Slalom-, Berg- und Rundstreckenrennen von Kurt Graf mit seinem roten Alfa 75 3.0 V6 America

In der Alfa Romeo Challenge ist der Alfa 75 zahlreich und mit den verschiedensten Motorisierungen und Farben vertreten.

Alfa Romeo Challenge

Heute, mehr als 20 Jahre nach Produktionsende, nehmen nur noch wenige Alfa Romeo 75 aktiv am Renngeschehen teil. Als Ausnahme muss die Anfang der 90er Jahre gegründete Alfa Romeo Challenge in den Niederlanden erwähnt werden. Es handelt sich um eine reine Amateur-Klasse für begeisterte Anhänger der famosen Mailänder Marke.

Der Spaß an der Sache und der Respekt vor Mann und Maschine stehen im Vordergrund. Dieses Credo und die Leidenschaft für Alfa Romeo animieren zahlreiche Besitzer von Old- und Youngtimern aus ganz Europa, an der interessanten Meisterschaft auf sieben verschiedenen Rennstrecken teilzunehmen.

Gefahren wird in Zandvoort, Assen, Spa-Francorchamps, Zolder, Dijon, auf dem Hockenheim- und auf dem Nürburgring sowie in Oschersleben. Neben alten Giulias, GTA und den beeindruckenden GTAm mit 230 PS fahren Alfettas, GTV, GTV6 und eine stattliche Anzahl 75er um Punkte. Darunter zwei echte Alfa 75 IMSA Turbo, jedoch mit neuer „Kriegsbemalung“, sowie einige Replikas, die in technischer Hinsicht jedoch nichts mit einem echten IMSA gemein haben. Wegen ihrer mehr als 400 PS starken Motoren fanden die echten wegen des Reglements in kaum einer Rennserie Platz. In der Alfa Romeo Challenge wurden sie jedoch wohlwollend aufgenommen und sind eine Bereicherung für Zuschauer und Teilnehmer.

Auch wenn die IMSA des Öfteren als Erste die schwarz-weiß karierte Flagge sahen, steht nach wie vor der Spaß an vorderster Stelle, und mittlerweile haben sie mit den neueren Modellen wie 155, 147 GTA und 156 GTA längst starke und fortschrittlichere Konkurrenz bekommen.

(Infos unter: www.alfaromeochallenge.eu)

Neben zwei originalen IMSA-Fahrzeugen fahren in der Alfa Challenge auch einige Nachbauten mit. Diese Rennwagen sind jedoch mit modernster Renntechnik ausgerüstet und haben mit dem Werks-IMSA nichts mehr gemeinsam.

Oben und links: Yves Loubet vom Gema Rallyeteam entschied sich je nach Streckencharakteristik oft erst kurz vor dem Start für den GTV6 oder den Alfa 75 Turbo. Deshalb waren auch beide Autos mit derselben Startnummer versehen, wie hier bei der Korsika Rallye 1986.

Restliche Bilder: Impressionen aus dem Rallyesport mit dem Alfa Romeo 75

Rallye

Auch in der Rallyeszene mischte der Alfa 75 die Konkurrenz mächtig auf, allerdings nie in der prestigeträchtigen Weltmeisterschaft der FIA, sondern nur in einzelnen Landeswettkämpfen. Er wurde hauptsächlich in der Version 1.8 Turbo eingesetzt, aber auch mit dem V6-Triebwerk gab es einige Rallyeeinsätze. Dennoch gilt generell, dass der Alfa 75 besser für die Asphalt-Rennstrecke geeignet war als für Schotterpisten abseits präparierter Straßen.

Zu den erfolgreichsten Rallye-Mannschaften, die auf den Alfa 75 setzten, gehörte zweifellos das französische Team Gema mit Pilot Yves Loubet und Copilot Pierre Cesar Baroni. Das Team, dessen Wagen mit der auffälligen blauweißen Rothmans-Beschriftung versehen waren, setzte parallel zum Alfa 75 auch einen Alfa Romeo GTV6 ein, manchmal wurde erst kurz vor dem Start entschieden, mit welchem Wagen man an der Rallye teilnahm.

Als jedoch der Weltmotorsportverband 1987 neue Regeln für die Innenabmessungen bei Fahrzeugen über einem Liter Hubraum vorschrieb, fiel das Mailänder Coupé durch. Vier Sitze konnte der GTV6 noch vorweisen, nicht jedoch den neuerdings geforderten Mindestabstand zwischen hinteren Sitzen und Dach. Die Gruppe-A-Homologation erlosch, und es kam nur noch der Alfa 75 in Frage, bei dem das französische Gema-Team ohnehin auf denselben V6-Motor gesetzt hatte.

Ab Mitte 1987 war dann auch der 1,8-Liter-Turbomotor für den Rallyesport zugelassen. Die Fahrer konnten sich nun je nach Streckencharakteristik für eine von beiden Varianten entscheiden. Gema und weitere französische Teams setzten noch bis Anfang der 1990er Jahre den 75 in der heimischen Meisterschaft ein, bei den WM-Rallyes 1991 von Monte Carlo und auf Korsika tauchten die viertürigen Limousinen dann zum letzten Mal auf.

UNIROYAL

Schön, stark, haltbar: Die V6 sind echte Leckerbissen – und werden zur Henkersmahlzeit, wenn vor allem die Zahnriemen nicht vorschriftsmäßig gewechselt werden! Ein böses Indiz ist Öl auf dem Riemen.

Nach 40.000 km oft schwer zu lösen sind die Zündkerzen.

Sägendes Standgas? Dann ist der Ansauggummi porös.

Vorsicht Hitzetod: Sind die Ansaugstutzen rissig?

Motoren

Die Motoren von Alfa Romeo sind bekannt dafür, bei guter Pflege und regelmäßiger Wartung sehr hohe Laufleistungen zu erreichen. Bei denen der Alfa 75 ist das nicht anders, da fast alle Versionen aus Vorgängermodellen stammen und bei Einführung des 75 längst ausgereift waren.

Mängel können natürlich trotzdem auftreten, etwa in Form durchgebrannter Kolben und Auslassventile. Ursachen sind meist Zündkerzen mit falschem Wärmewert und falsch eingestelltes Ventilspiel. Ansonsten sind die Motoren bei guter Pflege ziemlich langlebig.

Wichtig ist vor allem, dass man sie wegen ihrer beträchtlichen Flüssigkeitsmengen (Öl und Wasser) im kalten Zustand nicht über 3000/min dreht und die volle Leistung erst abverlangt, wenn das Öl Betriebstemperatur erreicht hat. Generell gilt es, bei allen die beiden seitlichen Motoraufhängungen zu prüfen. Der einvulkanisierte Gummi sollte sich nicht von den Metallplatten gelöst haben.

Ein Problem bei allen Alfa-Motoren mit direkt gesteuerten Ventilen sind Nockenwellen und Tassenstößel. Sie können im Laufe der Zeit einlaufen und das Nockenprofil wird „spitz“, was sich akustisch mit einer Art „Nageln“ bemerkbar macht. Dann kann der Motor nicht mehr seine volle Leistung entfalten.

Die Nockenwellen müssen in dem Fall zusammen mit den Tassenstößeln ausgetauscht werden. Sollte bei der Arbeit an der Ventileinstellung übermäßiger Verschleiß

Achillesferse: Weil der Kardan mit Motordrehzahl …

… rotiert, sind kleinste Risse in den Hardyscheiben gefährlich!

Sind die Getriebelager hin, kratzt dieses Blech am Boden.

Con Olio: Ölundichtigkeiten am hinteren Kurbelwellen-Lager sind …

… oft dieser im Block sitzenden Gummitülle geschuldet.

Von Öl und Alter gezeichnet: das hintere Motorlager

Poltergeist: Sind vorn die Zugstrebenbuchsen hinüber?

Typisch: verschlissene Räder und Ringe des zweiten Gangs

Bewährt, solide, gut revidierbar: die agilen Vierzylindermotoren

festgestellt werden, ist der Austausch der Nockenwellen mitsamt den Tassenstößeln zu empfehlen. Man bezahlt die Arbeit dann nur einmal.

Ein Ölverbrauch von mehr als einem Liter auf 1000 km ist für alle Motoren zu hoch. Als normal können 0,5 bis 0,8 Liter angesehen werden. Die Öldruckdose für das Manometer (ist bei fast allen Motoren dieselbe) ist oft kaputt, was sich jedoch schnell feststellen lässt, wenn sich die Druckanzeige nur noch im unteren Drittel der Skala bewegt. Der Austausch dauert nur wenige Minuten.

Die Wasserpumpen werden nach einer hohen Kilometerleistung häufig undicht und sollten auf Frostschutzspuren kontrolliert werden. Auch den Ansauggummis an der Ansaugbrücke oder bei den Vergasern sollte ein genauer Blick gelten, weil sie gern Risse zeigen.

Bei der Auspuffanlage sollten vor allem die Krümmer und die vorderen Rohre auf Risse und Dichtheit überprüft werden. Bei tiefer gelegten Wagen werden diese Bauteile durch Aufsetzen auf Randsteinen und Gehwegen beschädigt. Die Stehbolzen der Auspuffkrümmer reißen gerne aus oder brechen ab. Meistens macht sich das durch ein Zwitschern bemerkbar, die Sichtkontrolle ist auch ohne Geräusch empfehlenswert.

Achten Sie auch auf die vordere Halterung der Auspuffanlage. Der Silentblock am Hals der Motor-/Schwungscheibenglocke löst sich gerne auf, und sämtliche Vibrationen werden dann direkt auf die Krümmer übertragen. Den Auspuff sollte man natürlich auch noch auf Durchrostung überprüfen.

Die Dieselmotoren arbeiten praktisch problemlos und

Zündung: Die Spule schlägt bisweilen oben durch …

… am unteren Verteiler verschmoren Finger und …

… Deckel, das obere Pendant macht hingegen kaum Ärger.

Die Krümmer zeigen nach Aufsetzern oft Risse.

Klappert's im Kopf, ist die Auslassnockenwelle hinüber.

erfreuen mit hohen Laufleistungen. Einzig der Turbolader ist etwas anfällig, was übrigens auch für den Benziner im 75 1.8 Turbo gilt. Einwandfreie Funktion lässt sich meist schon bei einer Probefahrt feststellen. Der Phasenwandler für die Steuerzeitenverstellung bei Twin Spark und 1.8 I.E. arbeitet in dieser Generation relativ fehlerfrei.

Auch der V6 ist ziemlich pflegeleicht, wenn man davon absieht, dass hier, anders als bei den Vierzylindern mit wartungsfreier Steuerkette, die Nockenwellensteuerung per Zahnriemen erfolgt, der nach gewisser Laufzeit erneuert werden muss. Darauf sollte unbedingt beim Kauf geachtet werden, denn er sollte gemäß Wartungsheft alle 60.000 km gewechselt werden.

Wurde das Auto nur wenig gefahren, empfiehlt sich ein früherer Wechsel, spätestens alle sechs Jahre. Das kommt auf jeden Fall günstiger als ein kapitaler Motorschaden wegen Zahnriemenrisses. Im Zweifelsfall sollte man bei einem Fahrzeug ohne entsprechende Nachweise gleich einen Werkstattermin zum Zahnriemenwechsel vereinbaren. Dabei lässt sich dann gleich das Ventilspiel überprüfen und einstellen.

Ein weiterer Schwachpunkt der V6-Motoren ist der Zahnriemenspanner. Er arbeitet mit hydraulischer Unterstützung. Seine schwache Stelle ist die Abdichtung der kleinen Kolbenstange, die durch einen winzigen Radialdichtring sichergestellt sein sollte. Mit der Zeit wird der Ring hart und lässt Öl durch. Das wird dann vom Zahnriemen gleichmäßig im Motorraum verteilt und feuchtet ihn schließlich derart durch, dass er zahnlos wird und irgendwann einen ziemlichen Motorschaden verursacht.

Abhilfe schafft die Revision des Spanners, für den es einen Reparatursatz gibt, in dem nicht nur der erwähnte Dichtring, sondern auch alle anderen Dichtungen und O-Ringe enthalten sind. Diese O-Ringe dichten die Exzenterbohrung gegen Feuchtigkeit ab und verhindern das Fressen des Spannrades auf der Welle.

Arbeitet der Spanner nicht, kann der Zahnriemen, vor allem im kalten Zustand, überspringen – Motorschaden. Die wahrscheinlich beste Möglichkeit ist der Einbau der rein mechanischen und wartungsfreien Spannerversion des Alfa 164 3.0 V6 Super.

Bei allen V6-Motoren kann es vorkommen, dass die Dichtringe der Zündkerzenlöcher undicht werden. Dann steht das von der Ventilsteuerung im Zylinderkopf hochgewirbelte Öl in den Zündkerzenlöchern. Neue Ventildeckeldichtungen und neue Dichtringe schaffen da Abhilfe.

Ein weiteres Dichtungsproblem, und zwar bei allen Motorversionen des Alfa 75, bereitet der Radialdichtring zwischen Kurbelwelle und Schwungrad. Aufgrund seines relativ großen Durchmessers von rund 100 mm gelangt

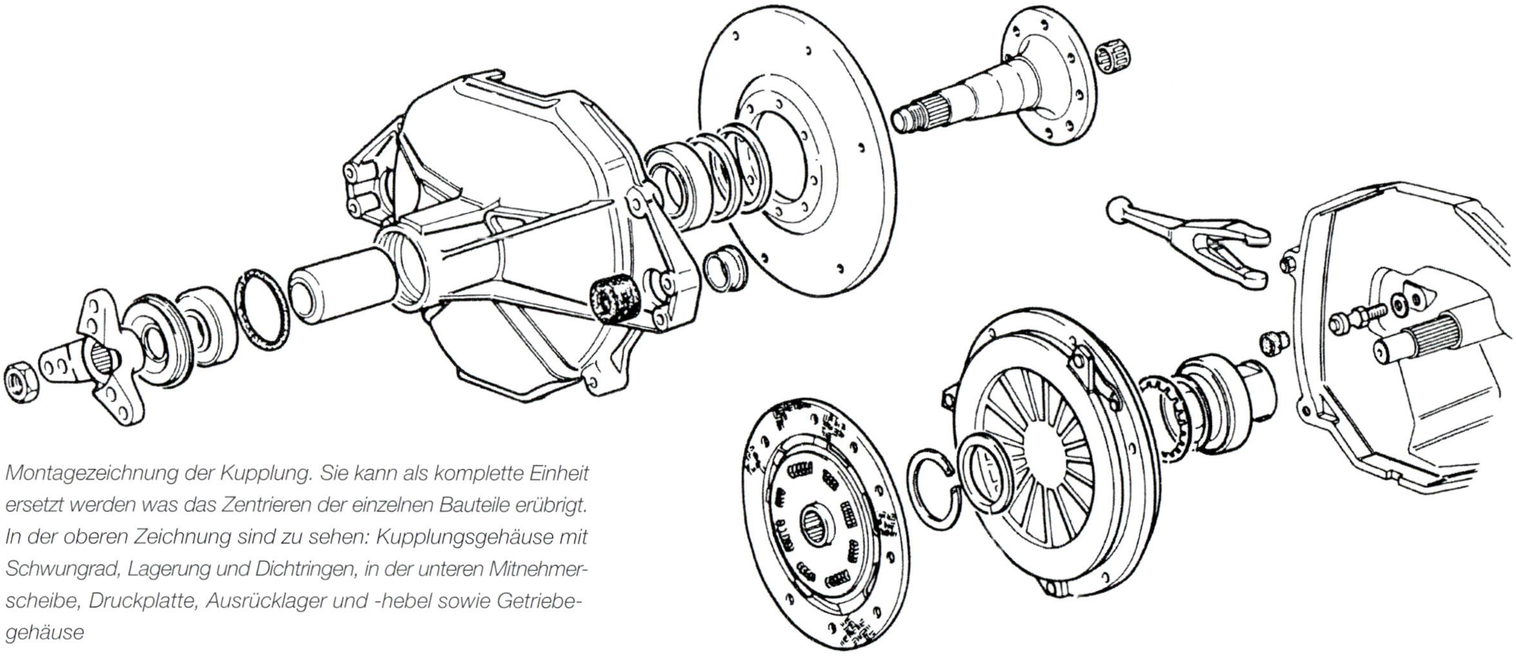

Montagezeichnung der Kupplung. Sie kann als komplette Einheit ersetzt werden was das Zentrieren der einzelnen Bauteile erübrigt. In der oberen Zeichnung sind zu sehen: Kupplungsgehäuse mit Schwungrad, Lagerung und Dichtringen, in der unteren Mitnehmerscheibe, Druckplatte, Ausrücklager und -hebel sowie Getriebegehäuse

stets eine kleine Ölmenge über die Dichtlippen und läuft dann auf die untere Motortraverse. Zur Behebung dieses Ölverlustes müssen leider der Motor ausgebaut und die Abdichtung ersetzt werden.

Sollte diese Arbeit notwendig sein, empfiehlt sich der Wechsel der großen Ölwannendichtung und der beiden Dichtgummis am hintersten Kurbelwellenlager. Beim Kurbelwellen-Radialdichtring sollte vor dem Einbau unbedingt die Lippenfeder um etwa 5 mm gekürzt werden. So lässt sich weiterer Ölverlust an dieser Stelle verhindern.

Tröstlich ist, dass die Konstruktion der Alfa-Romeo-Motoren Fachleuten keine Rätsel aufgibt und erfreulich leicht zu warten und zu reparieren sind. Achten Sie dennoch unbedingt auf die Kompetenz Ihrer Werkstatt und vergleichen Sie Preise.

Polygongummigelenk, auch Hardyscheibe genannt. Drei Stück davon hat die Kardanwelle. Zeigen sich Risse im Gummi, sollten sie ersetzt werden.

Kraftübertragung

Vier Punkte sollten Sie unbedingt prüfen:

1. Die Getriebeaufhängungen halten zwar bei normaler Fahrweise etwa 100.000 km und sind relativ schnell zu ersetzen. Die schwingungsdämpfenden Gummikörper sind einvulkanisiert, und ruppigere Fahrweise verkürzt die Lebensdauer erheblich. Der Gummi löst sich dann vom Metall, und das Getriebe ist vorne nicht mehr sauber gelagert, was zu Vibrationen und Geräuschen beim Anfahren und bei jedem Gangwechsel führt.
2. Die Polygongummigelenke, auch als Hardyscheiben bezeichnet, sind auf der Kardanwelle montiert, um Vibrationen zu dämpfen und um Vertikalbewegungen auszugleichen. Durch Beanspruchung wird der Gummi rissig und bröckelt mit der Zeit auseinander. Der Bruch einer der insgesamt drei Scheiben macht sich durch starke Vibrationen und Geräusche bemerkbar. Achten Sie also unbedingt auf einwandfreien Zustand der Hardyscheiben.
3. Sehr oft schwächelt auch die Synchronisierung des zweiten Ganges. Bei ungeübten Transaxle-Fahrern ist das Schalten vom dritten in den zweiten Gang meist mit einem Kratzgeräusch verbunden, sofern das Getriebe noch nie revidiert wurde. Für Besitzer eines Alfa 75 ist jedoch auch in diesem Fall geräuschloses Schalten mit Zwischenkuppeln und Zwischengas oder aber durch lang- und behutsames Einlegen des Ganges möglich.
   Da der zweite Gang am häufigsten eingelegt wird, nutzt er sich, auch bedingt durch den langen Schaltweg, am schnellsten ab. Dann müssen den Drehzahlsprung beim Schalten schließlich auch die Verzahnungen von Gangrad und Schaltmuffe übernehmen, was zum Kratzen und zu immer mehr Verschleiß führt.
   Um den Synchronring zu ersetzen, muss das Getriebe ausgebaut werden, wobei das Gehäuse am Fahrzeug befestigt bleiben kann und nur der Zwischenflansch oder Lagerschild, an dem die beiden Wellen und der Schaltmechanismus montiert sind, ausgebaut wird. Der Ausbau geht relativ schnell, und das Zerlegen der Wellen ist aufgrund ihrer Anordnung für einen Mechaniker einfach. Beim Ersatz des Synchronringes sind Schaltmuffe und Gangrad unbedingt zu über-

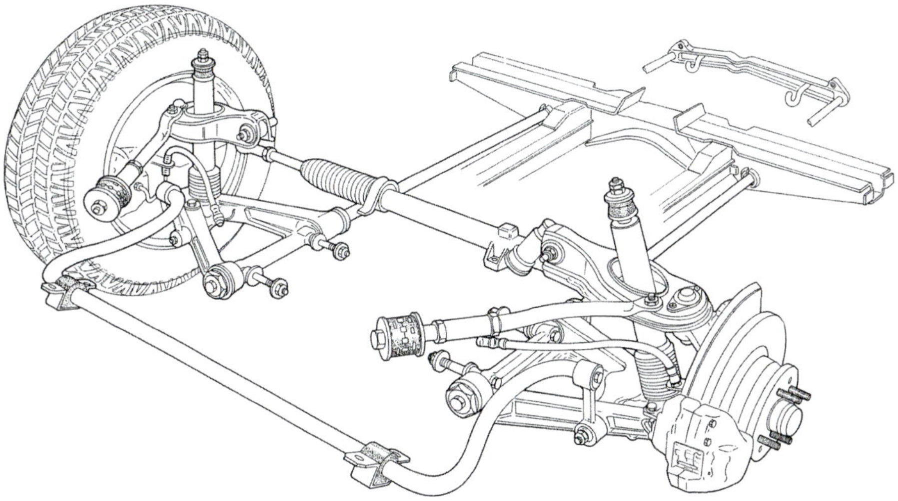

Oben: Die innenliegenden hinteren Bremsen werden weniger stark beansprucht als die der Vorderachse. Durch Spritzwasser setzt sich deshalb gerne Rost an. Abhilfe schafft regelmäßiges „handbremsen" während der Fahrt.

Rechts: Graphische Darstellung der Vorderradaufhängung mit Trapezlenkern, Stoßdämpfern, Zahnstangenlenkung, Nachlaufstreben, Kurvenstabilisator und der damals alfatypischen Drehstabfederung.

prüfen – sollte es schon länger gekratzt haben, hat die Verzahnung auch darunter gelitten. Die komplette Schaltung kann ebenfalls eingestellt werden, um Vibrationen und Geräusche am Schalthebel zu verhindern. Beim Wiedereinbau sollte nur Öl aufgefüllt werden, das die vom Werk vorgeschriebenen Spezifikationen erfüllt.

4. Zum Schluss sollte noch darauf geachtet werden, ob der Kupplungsnehmerzylinder an der Kupplungsglocke dicht ist. Sollte sich der Schalthebel beim Anfahren ruckweise bewegen, muss die verschlissene Anlauf- und Distanzscheibe ersetzt werden. Dafür muss das Getriebe ebenfalls zerlegt werden.

Fahrwerk

Ins Gewicht fallen nur die Gummis der Nachlaufstreben und die Kugelbolzen der vorderen Querlenker. Sie werden alterungsbedingt rissig, und die Kugelbolzen knarren. Abhilfe schafft Ersatz der Teile, was relativ schnell erledigt ist. Ansonsten ist das Fahrwerk des Alfa 75 dank der jahrelangen Fortentwicklung bei den Vorgängermodellen ausgereift und tadellos.

Wenn er dennoch beim Beschleunigen eine andere Richtung einschlagen will als die vom Fahrer gewählte, handelt es sich um ein tiefergelegtes Exemplar mit Breitreifen. Auf schlechten Straßen wird sich solch ein Fahrzeug besonders schlecht fahren lassen. Die korrekte Einstellung der Lenkgeometrie kann dem etwas entgegenwirken.

Bremsen

Die Bremsanlage des Alfa 75 entspricht den Anforderungen und dem Standard dieser Fahrzeug-Klasse, auch wenn sich etwas sportlichere Fahrer eine bissigere gewünscht hätten. Weil der 75, vor allem in der V6- und der Turbo-Motorisierung, aber zum Schnellfahren animiert, ist der Bremsenverschleiß an der Vorderachse in der Regel sehr hoch. Im Extremfall kann man spätestens alle 30.000 km einen Satz Bremsscheiben und Klötze tauschen. Durchschnittsfahrer erreichen jedoch problemlos eine Lebensdauer von 80.000 km und mehr.

Schwachpunkt der Bremse ist das hohe Fading (bei hoher Beanspruchung Abnahme der Bremsleistung/des Reibwertes der Bremsen). Abhilfe kann ein Austausch der Serienbremsbeläge gegen Ferodo DS 2000 oder einen gleichwertigen Sportbelag schaffen. Bei fälligen Arbeiten an den Bremsen tauscht man dann die Verschleißteile am besten nur gegen entsprechend hochwertige Ersatzteile aus.

Auch hier gilt, dass die Bremsanlage für den Normalfahrer durchaus original belassen werden kann. An der hinteren innenliegenden Scheibenbremse sind die Bremsscheiben oft verrostet, weil der Bremsdruck geringer ist als vorne und die Scheiben durch Spritzwasser bei Regen in Mitleidenschaft gezogen werden.

Zudem geht gerne die mechanische Betätigung der Feststellbremse kaputt. Man kann sie zwar mit einem Reparatursatz wieder gängig machen, aber es ist sicher

Der beste Platz im 75: Am Lenkrad offenbart der aufwändig konstruierte Alfa seine wahren Qualitäten. Teile für den Innenraum gibt es nur noch gebraucht.

Interieur: Es dominiert Hartplastik, das Holz hier stammt vom Vorbesitzer.

Uhraufführung: Die Instrumente funktionieren meist unauffällig.

Optisches Desaster: Die vielen Kunststoff-Applikationen auf dem …

… Alfa-Körper verblassen und verspröden mit den Jahren, Ersatz …

…gibt es nur noch gebraucht – und meist ähnlich unansehnlich.

besser, wenn man eine defekte Bremszange gleich austauscht. Der Handbremshebelweg ist konstruktionsbedingt länger als üblich, er darf ruhig 7 bis 8 Zähne betragen.

Weiterer Schwachpunkt der Bremsen, die bis auf allerschärfste Gangart mit den großen Sechszylindern eigentlich alles mitmachen, sind allenfalls die hinteren Bremszangen. Sie werden an den kleinen Hebeln der Handbremse und an den Belag-Einstellschrauben undicht. Vor dem Belagwechsel müssen die Schrauben hineingedreht und keinesfalls der Kolben mit Gewalt zurückgedrückt werden.

Vorne sind es zuquellende Bremsschläuche, die in Verbindung mit dem Bremskraftverteiler für bizarre Ausbruchsversuche sorgen. Da kann der Wagen plötzlich nach links, und dann spontan nach rechts ziehen.

Heizung/Lüftung/Klimaanlage

Der Lüftermotor gibt gerne Quietschgeräusche von sich. In der Regel hilft das Schmieren der Motorwelle. Oft gelangt im Herbst Laub durch die Frischluftöffnungen ins Ventilatorgehäuse, was beim Lüften zu nervenden Kratzgeräuschen führt. Das Laub lässt sich durch Ausblasen durch die Öffnung der Heizwiderstände entfernen oder, falls das nicht gelingen sollte, durch den Ausbau der kompletten Lüftung. Das ist relativ zeitaufwendig und am besten mit dem Ersatz der Heizungsbetätigungszüge zu kombinieren.

Die Züge beginnen im Laufe der Zeit zu verharzen, und die Außenzüge brechen dort, wo sie mit Klammern befestigt sind. Beim Alfa 75 wird die Heizung durch einen Hahn im Fahrzeuginneren (beim Heizelement) geregelt.

Checkt selten was: das Steuergerät des Check-Control-Bordcomputers

Die seilzugbetätigten Regler: Wer Gewalt anwendet, wird Arbeit ernten.

Schäbig und trist: Schief sitzende Schalter der elektrischen Fensterheber ...

... und billig wirkende Verkleidungen trüben das Alfa-Bild.

Abgeraucht: Der Lenkstock-Lichtschalter ist oft verschmort.

Gut konturiert, aber wenig haltbar sind die Sitze. Leder ist kaum besser.

Der kann undicht sein, dann tropft Kühlwasser in den Beifahrerfußraum. Für den Ersatz des Hahnes muss ebenfalls die komplette Heizung ausgebaut werden.

Fahrzeuge mit einer Klimaanlage haben vermutlich noch eine Befüllung mit dem mittlerweile verbotenen Kältemittel R12. Die kann man jedoch in einer auf Klimaanlagen spezialisierten Fachwerkstatt auf das neue umweltfreundliche R134a umrüsten lassen. Dabei werden das R12 abgesaugt, die Klimaanlage zerlegt und alle Gummidichtungen an den Flanschen gegen R134a-beständige ausgetauscht. Der Kompressor bekommt eine neue Ölfüllung. Den Trockner sollte man bei dieser Gelegenheit auch gleich austauschen lassen.

Fahrzeugelektrik

Bis auf die „Alfa Romeo Control", kurz ARC, gibt es keine nennenswerten Probleme. Die ARC sollte den Fahrer auf Störungen wie zu geringen Motorölstand, zu wenig Kühlwasser oder Bremsflüssigkeit und noch offene Türen hinweisen. Leider sind die Geber oft defekt, was dazu führt, dass nicht vorhandene Fehler angezeigt werden.

Um falsche Fehlermeldungen zu vermeiden, wurden die kaputten Geber oft überbrückt, anstatt sie durch neue zu ersetzen, ob die ARC also funktioniert, lässt sich dann nicht mehr prüfen. Zudem ist bei einer Testfahrt darauf zu achten, dass alle Kontrolllampen und Manometer sowie Drehzahlmesser, Digitaluhr und Tacho funktionieren.

Innenausstattung

Die Kunststoffoberflächen im Innenraum sind wenig ansehnlich und bei Vernachlässigung regelrecht schäbig. Problematisch sind auch die Bezüge der an sich gut konturierten Sitze. Stoff wie (seltenes) Leder sind fast immer verschossen oder verschlissen.

Unschön sind auch schief in ihren Sitzen hängende Schalter, und schlichtweg belustigend geriet Mailands Einstieg ins Digitalzeitalter, der sich in einem Check-Control-Display in der Mittelkonsole manifestiert. Die kleinen Lämpchen folgen dem unermesslichen Ratschluss des Steuergeräts, dem die Befindlichkeiten des Autos allerdings weitgehend egal sind. Will heißen: Künftige Alfisti tun gut daran, die Vitalfunktionen ihres 75 selbst im Auge zu behalten. Mancher schmeißt die Steuergeräte samt Verkabelung gleich raus.

Austausch ist hingegen angesagt, wenn der Lenkstock-Lichtschalter abraucht, was bisweilen vorkommt. Dann heißt es, intakte Gebrauchtteile suchen, denn Neuware ist für den Innenraum nicht mehr zu bekommen. Erfreulich, dass wenigstens die Instrumente kaum Ärger bereiten.

Classic Data

Modell	PS	kW	cm³	BJ ab	BJ bis	1	2	3	4	5
75 1.6	110	81	1556	1985	1987	k. A.	3.700	1.800	700	k. A.
75 1.8	120	88	1767	1985	1989	k. A.	3.800	1.900	700	k. A.
75 2.0	128	94	1948	1985	1987	k. A.	4.200	2.100	1.000	k. A.
75 2.5 V6	150	110	2464	1986	1987	k. A.	5.100	2.500	1.000	k. A.
75 2.5 V6 (Kat)	150	110	2464	1986	1988	k. A.	6.400	3.100	1.400	k. A.
75 Turbo	155	114	1767	1986	1989	k. A.	6.500	3.200	1.500	k. A.
75 2.0 Twin Spark	148	109	1948	1987	1988	k. A.	5.600	3.200	1.200	k. A.
75 3.0 V6	185	136	2934	1987	1991	k. A.	7.800	3.800	1.600	k. A.
75 Turbo evoluzione	155	114	1762	1987	1987	k. A.	20.900	11.200	6.000	k. A.
75 2.0 Twin Spark (Kat)	145	107	1962	1988	1992	k. A.	5.600	3.300	1.500	k. A.
75 1.8 IE (Kat)	120	88	1779	1990	1992	k. A.	4.200	2.100	800	k. A.
75 3.0 V6 QV	192	141	2959	1990	1992	k. A.	8.900	4.600	2.100	k. A.

Quelle: Classic Data, Stand Juni 2015

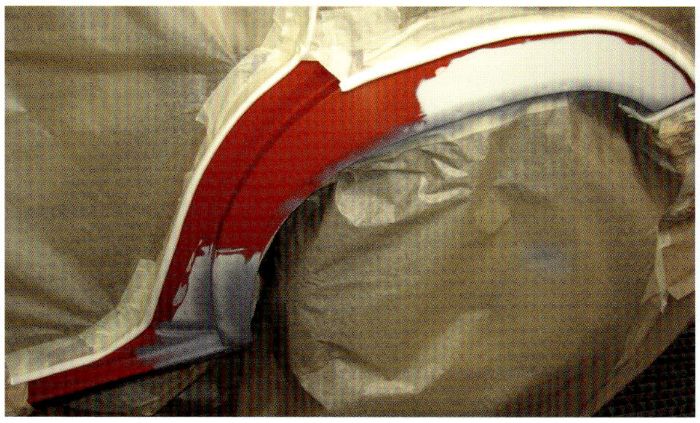

Oben links: Ja, es gibt sie noch: Gelegentlich taucht ein noch ein guterhaltener 75 auf wie dieser im Zustand 1 bis 2 im Showroom eines Autohauses.

Oben rechts: In guten Alfa-Vertretungen sind vor allem die mechanischen Ersatzteile noch zu finden.

Unten links: Vor dem Auftragen des Unterbodenschutzes wird der Wagen eingepackt. Bei älteren Exemplaren ist diese Maßnahme nach Rostreparaturen zu empfehlen.

Unten rechts: Eine fachmännisch ausgeführte Radlaufreparatur kurz vor der Lackierung

Fazit

Der Alfa Romeo 75 ist für sein Alter immer noch eine attraktive Sport- und Reiselimousine mit viel Charme. Er hat unbedingte Langstreckentauglichkeit und befriedigt auch heute noch dank Platz und Bequemlichkeit auf langen Reisen, obwohl die wenigsten wohl noch dafür genutzt werden.

Die Bremsen und deren Leistungsfähigkeit bewegen sich für Normalfahrer auf dem Niveau der entsprechenden Motorisierung. Die Motoren überzeugen leistungsmäßig nach wie vor und laden dazu ein, das Gaspedal mal etwas forscher zu treten – allein schon, um den imposanten Motorengeräuschen zu lauschen.

Empfehlenswert ist die Modifikation des Fahrwerks, zumindest die Tieferlegung des Autos mit anders eingestellten Drehstäben an der Vorderachse und Sportfedern an der Hinterachse, um bei schnellen Kurvenfahrten das Übersteuern des Wagens ein bisschen zu unterbinden.

Generell bewegen sich die Reparatur- und Wartungskosten für den Alfa Romeo 75 auf einem normalen Niveau, da dank der durchdachten Technik Reparaturen meist einfach zu erledigen sind, sofern die nötigen Ersatzteile noch aufzutreiben sind. Allerdings gibt es auch einige komplizierte und zeitaufwendige Arbeiten, die in einer Fachwerkstatt schnell ins Geld gehen können.

Schön ist er ja, ob sich die Occasion aber wirklich als gute Gelegenheit entpuppt, verrät erst der genaue Blick.

Kaufempfehlung

Der Alfa Romeo 75 wird unter Liebhabern und Kennern immer beliebter, was sich auch auf die Preise von gut erhaltenen Fahrzeugen auswirkt. Gute Exemplare sind immer noch häufig anzutreffen, stehen jedoch selten zum Verkauf. Von Land zu Land unterscheidet sich auch das Vorkommen der verschiedenen Versionen. Ein 3.0 QV etwa wird in Italien kaum zu finden sein; wer hingegen einen Turbodiesel sucht, muss die Schweiz aus dem Suchgebiet streichen.

Generell gilt: Bietet sich die Gelegenheit, ein Fahrzeug in wirklich gutem Zustand zu erwerben, sollte man unbedingt zugreifen. Und wenn der Preis stimmt, muss der Käufer auch die oben beschriebenen Mängel nicht unbedingt fürchten. Vieles kann der versierte Hobbyschrauber selbst erledigen, ansonsten muss der Käufer eben abwägen, wie viel Geld er in Reparaturen investieren möchte. Grundsätzlich aber ist das bessere Auto, also vielleicht gar der 75er aus guter Pflege und mit lückenlosem Service-Checkheft, immer vorzuziehen.

Erwähnenswert ist die Ersatzteillage. Karosserie- und Innenausstattungsteile sind meist längst vergriffen und heutzutage nur noch schwer zu bekommen, bei mechanischen Teilen wird die Lage langsam ebenfalls kritisch. Doch viele Ersatzteilhändler und Autoverwertungen bieten im Internet bereits Restbestände, Nachbauteile oder tadellose Gebrauchtteile an.

Wer genügend Platz hat, sollte sich ein Schlachtfahrzeug vom selben Typ anschaffen. Mit etwas Spürsinn und Geduld lässt sich jedenfalls immer irgendwo das passende Ersatzteil auftreiben. Eins jedenfalls haben alle Alfa 75 gemein: Sie sind die letzten Limousinen aus Arese mit Heckantrieb, verbreiten mit ihren berauschenden Motoren viel Fahrfreude und haben mit ihrem unverkennbaren Keil-Design das Zeug zum Klassiker.

7 Die Miniaturen

7 Die Miniaturen

Alfa Romeo inspirierte die Modellautohersteller schon früh zu Nachbildungen ihrer Autos im Miniaturformat. Diese ursprünglich als Kinderspielzeug gedachten Modelle erreichten unter Autoliebhabern und Sammlern immer mehr Beachtung, so dass sich mittlerweile zahlreiche Firmen auf Fertigmodelle und Bausätze in den verschiedensten Maßstäben spezialisiert haben.

Das Sortiment an Alfa Romeos im Kleinformat ist mittlerweile riesig, wobei das Angebot von den Anfängen der Mailänder Marke bis zu den brandaktuellen Concept-Cars reicht. Seit einigen Jahren wächst die Zahl der Modelle wie der Hersteller ständig. Das ist nicht weiter verwunderlich, da immer mehr Alfisti die kleinen, schmucken Pendants ihrer Lieblingsmarke leidenschaftlich sammeln.

So hat sich auch die Qualität der „Modellini" in den vergangenen Jahren stetig verbessert, und es gibt schon für wenig Geld viel Modellauto. Weil in China unter extremen Bedingungen produziert wird, bieten die Hersteller ihre Ware günstig über Auktionsplattformen im Internet an. Längst lassen auch italienische und deutsche Fabrikanten in Fernost produzieren.

Alfa-Romeo-Sammler sind vom Angebot an Miniaturen des Alfa 75 sehr verwöhnt. Vor allem im handlichen Maßstab 1:43 gibt es beachtlich viele Modelle, was natürlich auch dem Platzbedarf entgegen kommt. Aber auch in den Maßstäben 1:18, 1:24, 1:55, 1:64 oder 1:87 und gar als 1:100-Miniatur gibt es den Alfa 75 im Handel oder an Modellautobörsen zu kaufen.

Die Hersteller bieten die Fahrzeuge als Fertigmodelle und als Bausätze an. Letztere sind häufig aus Resin-Kunstharz oder aus Metallguss. Die meisten Kits sind qualitativ sehr gut. Die Teile müssen ein wenig bearbeitet und lackiert werden und sind danach oft mit vielen Kleinteilen zu ergänzen. Durch das riesige Zusatzangebot an Spezial-Felgen und Decals können die Modelle zudem individuell nach dem eigenen Geschmack angefertigt oder dem persönlichen Alfa 75 angepasst werden.

Namhafte Fabrikanten solcher Bausätze in 1:43 sind hauptsächlich europäische Firmen wie Meri, Alezan, Tron, Provence Moulage, Barnini Valerio, ABC und SC-Models. Im Maßstab 1:87 hat Co.Met Milano einige Metallbausätze sowie Fertigmodelle auf dem Markt etabliert.

Von Bermat gibt den „75 1.8 Turbo Evoluzione IMSA, Giro d'Italia Nr. 1, Patrese-Biasion-Siviero 1989“ auch als 1:24-Bausatz, ein wirklich schönes Exemplar.

Für handwerklich weniger begabte 75er-Liebhaber gibt es jedoch eine Vielzahl an Fertigmodellen. Vor allem Progetto-K hat in 1:43 eine stattliche Zahl Straßen- und Rennsportmodelle im Angebot. Die Verarbeitung lässt jedoch etwas zu wünschen übrig und die Aufkleber lösen sich meist schon nach ein paar Jahren von der Karosserie.

Die qualitativ besten Modelle in 1:43 kommen, wie so oft, aus dem Hause Minichamps, allerdings ist nur der 3.0 V6 America in rot, schwarz und silberfarben erhältlich. Schöne Modelle gibt es aus Italien von M4, die sich auf Rennsportversionen spezialisiert haben. Von Norev gibt es den 2.0 Twin Spark in sehr guter Qualität und zu günstigem Preis.

Zudem sind einige wenige Fertigmodelle in 1:43 von Brumm und Pego erhältlich. Seit ein paar Jahren sind aus Italien und China auch vier Polizia-, Carabinieri- und Straßenmodelle zu bekommen, die unter dem Label DeAgostini laufen und eine beachtliche Qualität aufweisen. Im Maßstab 1:24 sind acht Metallmodelle und ein Plastikbausatz der bekannten Marke Bburago erhältlich, die jedoch früher zu den Billigmodellen gehörten, da sie auch eher als Spielzeug gedacht waren. Mittlerweile sind diese Modelle nur noch schwer zu bekommen, was die Preise erheblich in die Höhe getrieben hat.

Dafür gibt es von Kyosho vier günstige Modelle des 2.0 Twin Spark in guter Qualität im Miniformat 1:64. Im noch kleineren Format 1:87 bietet Co.Met. Milano neben Kits auch eine durchaus ansehnliche Kollektion an Fertigmodellen an. Zudem hat Neo den Alfa 75 in 1:87 angekündigt. Eine kleine Auswahl bietet der auf günstige Spielzeugmodelle spezialisierte französische Hersteller Majorette im Maßstab 1:55 an.

Die 1:100-Modelle von Kyosho hingegen waren nie im Handel erhältlich. Diese nur 4,3 cm langen Kleinstmodelle wurden kurioserweise nur in Japan eine kurze Zeit lang als Werbegag beim Kauf einer Kaffeedose mitgegebenen. Dank eBay und Co. haben sie den Weg allerdings auch zu den Sammlern in Europa gefunden.

Miniaturmodelle des Alfa Romeo 75 gibt es in den folgenden sieben Maßstäben:

1:18 (hier: Laudoracing)
1:24 (hier: Bburago)
1:43 (hier: Minichamps)
1:55 (hier: Majorette)
1:64 (hier: Kyosho)
1:87 (hier: Co.Met.)
1:100 (hier: Kyosho)

Links: Ein Werbeflyer vom französischen Bausatz-Hersteller Alezan mit dem Kombimodell des 75 Turbo, auch Turbo Break oder Stationwagon genannt.

Oben: CIVT-Diorama, gebaut vom Autor

Mittlerweile sind viele Fertigmodelle und Bausätze nur noch schwer zu bekommen und zum Teil schon vergriffen. Relativ jung im Angebot sind 1:18-Modelle. Laudoracing hat einen roten 3.0 V6 America aus Resin-Kunstharz, Topmarques einen IMSA Giro d'Italia.

Die folgende Liste mit mehr als 200 Miniaturen aus der Modellreihe Alfa Romeo 75 erhebt keinen Anspruch auf Vollständigkeit. Sie enthält die mir bekannten Bausätze und Fertigmodelle sowie angekündigte Neuheiten (Stand Februar 2014), mit Angaben zu Maßstab, Typ, Hersteller und Farbe und ist sortiert nach Maßstab und Marke.

Maßstab	Modellart	Bezeichnung	Hersteller	Farbe
1:18	Fertigmodell	75 3.0 V6 America Stradale 1987	Laudoracing Models	rot
1:18	Fertigmodell	75 1.8 Turbo Evoluzione Stradale 1987	Topmarques	rot
1:18	Fertigmodell	75 1.8 Turbo IMSA, Giro d'Italia # 1, Patrese-Biasion-Saviero 1989	Topmarques	rot

Maßstab	Modellart	Bezeichnung	Hersteller	Farbe
1:24	Resine-Kit	75 1.8 Turbo IMSA, Giro d'Italia # 1, Patrese-Biasion-Saviero 1989	Bermat	rot
1:24	Resine-Kit	75 1.8 Turbo Evoluzione Gruppe A # 3, Francia, Totip 1988	Bermat	weiß
1:24	Plastik-Kit	75 1.8 Turbo Rallye di Pescara # 1, Australian 1987	Bburago	blau-weiß
1:24	Fertigmodell	75 2.0 Stradale 1987	Bburago	rot
1:24	Fertigmodell	75 1.8 Turbo Corsa Gruppe A # 75	Bburago	rot
1:24	Fertigmodell	75 1.8 Polizia 1987	Bburago	blau
1:24	Fertigmodell	75 1.8 Carabinieri 1987	Bburago	dunkelblau
1:24	Fertigmodell	75 1.8 Guardia di Finanza 1987	Bburago	dunkelblau
1:24	Fertigmodell	75 Racing, # 1, Australian	Bburago	dunkelblau
1:24	Fertigmodell	75 Racing, # 19, Jägermeister	Bburago	orange
1:24	Fertigmodell	75 „Auto Cortesia" (Sondermodell)	Bburago	mintgrün

Maßstab	Modellart	Bezeichnung	Hersteller	Farbe
1:43	Resine-Kit	75 1.8 Turbo Evoluzione Stradale 1987	ABC	rot
1:43	Resine-Kit	75 1.8 Turbo Stradale 1987	Alezan	wählbar
1:43	Resine-Kit	75 1.8 Turbo Evoluzione Stradale 1987	Alezan	rot
1:43	Resine-Kit	75 1.8 Turbo Evoluzione, 24h von Spa # 75, Laffite-Barilla, Alfa Corse 1987	Alezan	rot
1:43	Resine-Kit	75 1.8 Turbo Station Wagon	Alezan	wählbar
1:43	Resine-Kit	75 1.8 Turbo Quadrifoglio Verde 1990	Alezan	wählbar
1:43	Resine-Kit	75 1.8 Turbo, Monte Carlo Gr. N # 98, Jenot 1990	Alezan	weiß
1:43	Resine-Kit	75 1.8 Turbo TCC (Evoluzione Prototyp) 1987	Alezan	rot
1:43	Resine-Kit	75 3.0 V6 America 1987	Alezan	wählbar

Fortsetzung auf Seite 188

Einige Modelle im Maßstab 1:43 aus dem umfangreichen Angebot des italienischen Herstellers Progetto-K.

Australian
49
EURO ELEKTRA
Alfa Romeo

BRIXIA
Beretta
armi per lo sport
77
armi Beretta
PIRELLI

CARABINIERI

ONKYO
5
Alfa Romeo
Castrol

24
24
POLIZIA
WABCO
PIRELLI

Maßstab	Modellart	Bezeichnung	Hersteller	Farbe
1:43	Resine-Kit	75 1.8 Turbo IMSA, Giro d'Italia # 1, Patrese-Biasion-Saviero 1989	BV Firenze/Barnini Valerio	rot
1:43	Resine-Kit	75 1.8 Turbo IMSA, Giro d'Italia # 2, Nannini-Loubet-Andrie 1989	BV Firenze/Barnini Valerio	rot
1:43	Resine-Kit	75 1.8 Turbo IMSA, Giro d'Italia # 3, Francia-Cerrato-Cerri 1989	BV Firenze/Barnini Valerio	rot
1:43	Metall-Kit	75 1.8 Turbo Evoluzione WTCC # 75, Nannini-Laffite 1987	Meri	rot
1:43	Metall-Kit	75 1.8 Turbo Evoluzione, 500 km di Monza # 79, Voulaz-Cipriani, Canonica 1987	Meri	weiß
1:43	Metall-Kit	75 1.8 Turbo Evoluzione, 500 km di Monza # 4, Nannini-Andretti, Alfa Corse 1987	Meri	rot
1:43	Metall-Kit	75 1.8 Turbo Stradale 1987	Meri	wählbar
1:43	Metall-Kit	75 1.8 Turbo Superturismo # 8, S. Livio, Odolini 1986	Meri	blau
1:43	Metall-Kit	75 1.8 Turbo, Rallye Antibes, Loubet 1987	Meri	weiß
1:43	Metall-Kit	75 1.8 Turbo, Tour de Corse # 16, Rouby-Martin, Radiola 1989	Meri	rot-weiß
1:43	Metall-Kit	75 1.8 Turbo, Tour de Corse # 2, Loubet, Rothmans 1989	Meri	blau-weiß
1:43	Metall-Kit	75 1.8 Turbo, Rallye du Var # 2, Loubet, Rotmans 1989	Meri	blau-weiß
1:43	Metall-Kit	75 1.8 Turbo, Rallye Antibes, Radiola 1987	Meri	rot-weiß
1:43	Metall-Kit	75 1.8 Turbo IMSA, Rallye Monza # 1, Cerrato-Cerri, Totip 1989	Meri	rot
1:43	Metall-Kit	75 1.8 Turbo IMSA, CIVT # 12, Soli, Coca Cola 1992	Meri	rot
1:43	Metall-Kit	75 2.5 V6 Quadrifoglio Verde	Meri	wählbar
1:43	Metall-Kit	75 3.0 V6 America 1987	Meri	wählbar
1:43	Resine-Kit	75 1.8 Turbo Gr. A # 45, Luigi Racing 1988	Provence Moulage	rot-weiß
1:43	Resine-Kit	75 1.8 Turbo Gr. A # 44, Luigi Racing 1988	Provence Moulage	rot-weiß
1:43	Resine-Kit	75 1.8 Turbo Evoluzione, WTCC # 75,Nannini-Laffite 1987	Provence Moulage	rot
1:43	Resine-Kit	75 1.8 Turbo, Rallye du Var # 2, Loubet-Andrie, Rotmans 1986	Provence Moulage	blau-weiß
1:43	Resine-Kit	75 1.8 Turbo, Rallye du Var # 6, 1987	Provence Moulage	weiß-blau
1:43	Resine-Kit	75 3.0 V6 Gruppe A # 12, Cobra 1988	Provence Moulage	rot-weiß
1:43	Resine-Kit	75 3.0 V6 America Stradale 1987	Provence Moulage	wählbar
1:43	Resine-Kit	75 1.8 Turbo, # 63, Francia-Giovanardi, Totip 1987	SC Models	weiß
1:43	Resine-Kit	75 1.8 Turbo IMSA, Rallye Monza # 1, Cerrato-Cerri, Totip 1989	SC Models	rot
1:43	Resine-Kit	75 1.8 Turbo IMSA, CIVT # 12, Coca Cola 1987	SC Models	rot
1:43	Resine-Kit	75 1.8 Turbo Evoluzione CIVT Wrangler 1987	SC Models	weiß
1:43	Resine-Kit	75 3.0 V6 America Superturismo # 73, Ferlito 1986	SC Models	schwarz
1:43	Resine-Kit	75 1.8 Carabinieri 1987	Tron	dunkelblau
1:43	Resine-Kit	75 1.8 Polizia 1987	Tron	blau
1:43	Resine-Kit	75 1.8 I.E. Guardia di Finanza 1988	Tron	dunkelblau
1:43	Resine-Kit	75 2.0 Twin Spark CEA Doctor 1988	Tron	rot
1:43	Resine-Kit	75 2.0 Twin Spark CEA Imola 1994	Tron	rot
1:43	Fertigmodell	75 1.8 Turbo Station Wagon 1986	Brumm	silber metallic
1:43	Fertigmodell	75 1.6 I.E. Stradale 1989	Progetto-K	dunkelblau
1:43	Fertigmodell	75 1.6 I.E. Stradale 1989	Progetto-K	rot
1:43	Fertigmodell	75 1.6 I.E. Taxi Roma 1988	Progetto-K	gelb
1:43	Fertigmodell	75 1.6 I.E. Vigili del Fuoco 1989	Progetto-K	rot
1:43	Fertigmodell	75 1.8 I.E. Stradale 1989	Progetto-K	rot
1:43	Fertigmodell	75 1.8 I.E. Stradale 1989	Progetto-K	weiß
1:43	Fertigmodell	75 1.8 Taxi Milano 1987	Progetto-K	gelb
1:43	Fertigmodell	75 1.8 I.E. Polizia 1988	Progetto-K	blau
1:43	Fertigmodell	75 1.8 I.E. Polizia Autostradale 1988	Progetto-K	blau
1:43	Fertigmodell	75 1.8 I.E. Polizia Autostradale (mit Dachträger) 1988	Progetto-K	blau
1:43	Fertigmodell	75 1.8 I.E. Polizia Autovelox 19888	Progetto-K	blau
1:43	Fertigmodell	75 1.8 Turbo Polizia Giro d'Italia # 24, 1989	Progetto-K	blau
1:43	Fertigmodell	75 1.8 Turbo Polizia di Stato # 32, Giro d'Italia, Tagliapietra-Solla 1998	Progetto-K	weiß
1:43	Fertigmodell	75 1.8 I.E. Carabinieri # 88 1986	Progetto-K	dunkelblau
1:43	Fertigmodell	75 1.8 I.E. Carabinieri # 99 1986	Progetto-K	dunkelblau
1:43	Fertigmodell	75 1.8 I.E. Carabinieri Esercito (Dach weiß, Felgen silber) 1988	Progetto-K	olivgrün
1:43	Fertigmodell	75 1.8 I.E. Carabinieri Esercito (Dach grün, Felgen grün) 1988	Progetto-K	olivgrün
1:43	Fertigmodell	75 1.8 I.E. Carabinieri Protezione Civile	Progetto-K	dunkelblau
1:43	Fertigmodell	75 1.8 I.E. Gendarmerie San Marino 1989	Progetto-K	weiß

Maßstab	Modellart	Bezeichnung	Hersteller	Farbe
1:55	Fertigmodell	75 Stradale	Majorette	rot
1:55	Fertigmodell	75 Stradale	Majorette	silber metallic
1:55	Fertigmodell	75 Polizia	Majorette	blau
1:55	Fertigmodell	75 „Forza Italia“	Majorette	rot
1:55	Fertigmodell	75 Vigili del Fuoco	Majorette	rot
1:55	Fertigmodell	75 „80 anni Alfa Romeo“ (lim. 250 Stk.)	Majorette	rot

Maßstab	Modellart	Bezeichnung	Hersteller	Farbe
1:64	Fertigmodell	75 2.0 Twin Spark Stradale 1989	Kyosho	rot
1:64	Fertigmodell	75 2.0 Twin Spark Stradale 1989	Kyosho	weiß
1:64	Fertigmodell	75 2.0 Twin Spark Stradale 1989	Kyosho	schwarz
1:64	Fertigmodell	75 2.0 Twin Spark Stradale 1989	Kyosho	silber metallic

Maßstab	Modellart	Bezeichnung	Hersteller	Farbe
1:87	Metall-Kit	75 1.6 I.E. Stradale 1989	Co.Met. Milano	wählbar
1:87	Metall-Kit	75 1.8 Carabinieri 1987	Co.Met. Milano	dunkelblau
1:87	Metall-Kit	75 1.8 I.E. Carabinieri Esercito 1989	Co.Met. Milano	olivgrün
1:87	Metall-Kit	75 1.8 I.E. Guardia di Finanza 1989	Co.Met. Milano	dunkelblau
1:87	Metall-Kit	75 1.8 Polizia 1987	Co.Met. Milano	blau
1:87	Metall-Kit	75 1.8 Polizia Stradale 1987	Co.Met. Milano	blau
1:87	Metall-Kit	75 1.8 Polizia Stradale Velox 1987	Co.Met. Milano	blau
1:87	Metall-Kit	75 1.8 Polizia Bolzano 1987	Co.Met. Milano	blau
1:87	Metall-Kit	75 1.8 Polizia Bolzano Stradale 1987	Co.Met. Milano	blau
1:87	Metall-Kit	75 1.8 Turbo Evoluzione Stradale 1987	Co.Met. Milano	rot
1:87	Metall-Kit	75 2.0 Guardia di Finanza 1987	Co.Met. Milano	dunkelblau
1:87	Metall-Kit	75 2.0 Twin Spark Stradale 1989	Co.Met. Milano	wählbar
1:87	Metall-Kit	75 2.0 Twin Spark Polizia Svizzera (Comune Lugano) 1989	Co.Met. Milano	weiß
1:87	Metall-Kit	75 2.0 Twin Spark Red Cross 1989	Co.Met. Milano	weiß
1:87	Fertigmodell	75 1.6 I.E. Stradale 1989	Co.Met. Milano	rot
1:87	Fertigmodell	75 1.6 I.E. Stradale 1989	Co.Met. Milano	weiß
1:87	Fertigmodell	75 1.6 I.E. Stradale 1989	Co.Met. Milano	schwarz
1:87	Fertigmodell	75 1.6 I.E. Stradale 1989	Co.Met. Milano	silber metallic
1:87	Fertigmodell	75 1.8 Carabinieri 1987	Co.Met. Milano	dunkelblau
1:87	Fertigmodell	75 1.8 I.E. Carabinieri Esercito 1989	Co.Met. Milano	olivgrün
1:87	Fertigmodell	75 1.8 Stradale 1987	Co.Met. Milano	rot
1:87	Fertigmodell	75 1.8 Stradale 1987	Co.Met. Milano	weiß
1:87	Fertigmodell	75 1.8 Stradale 1987	Co.Met. Milano	schwarz
1:87	Fertigmodell	75 1.8 Stradale 1987	Co.Met. Milano	blau metallic
1:87	Fertigmodell	75 1.8 Stradale 1987	Co.Met. Milano	grau metallic
1:87	Fertigmodell	75 1.8 Stradale 1987	Co.Met. Milano	grau-grün metallic
1:87	Fertigmodell	75 1.8 I.E. Guardia di Finanza 1989	Co.Met. Milano	dunkelblau
1:87	Fertigmodell	75 1.8 Polizia 1987	Co.Met. Milano	blau
1:87	Fertigmodell	75 1.8 Polizia Stradale 1987	Co.Met. Milano	blau
1:87	Fertigmodell	75 1.8 Polizia Stradale Velox 1987	Co.Met. Milano	blau
1:87	Fertigmodell	75 1.8 Polizia Bolzano 1987	Co.Met. Milano	blau
1:87	Fertigmodell	75 1.8 Polizia Bolzano Stradale 1987	Co.Met. Milano	blau
1:87	Fertigmodell	75 1.8 Turbo Evoluzione Stradale 1987 (lim. 200 Stk.)	Co.Met. Milano	rot
1:87	Fertigmodell	75 2.0 Guardia di Finanza 1987	Co.Met. Milano	dunkelblau
1:87	Fertigmodell	75 2.0 Twin Spark Stradale 1989	Co.Met. Milano	weiß
1:87	Fertigmodell	75 2.0 Twin Spark Stradale 1989	Co.Met. Milano	rot
1:87	Fertigmodell	75 2.0 Twin Spark Stradale 1989	Co.Met. Milano	schwarz
1:87	Fertigmodell	75 2.0 Twin Spark Stradale 1989	Co.Met. Milano	silber metallic
1:87	Fertigmodell	75 2.0 Twin Spark Stradale 1989	Co.Met. Milano	schwarz metallic
1:87	Fertigmodell	75 2.0 Twin Spark Stradale 1989	Co.Met. Milano	grau metallic

Kleine Bilder: Eine Auswahl von Bausätzen, die verschiedene Hersteller im Angebot haben.

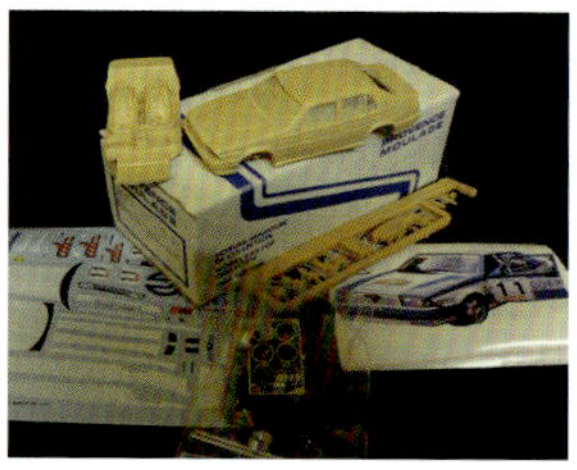
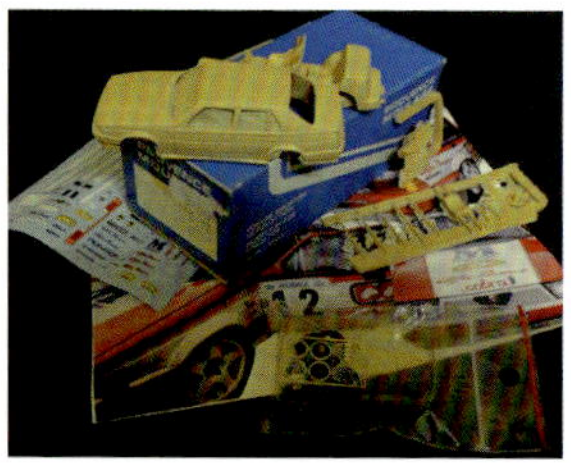
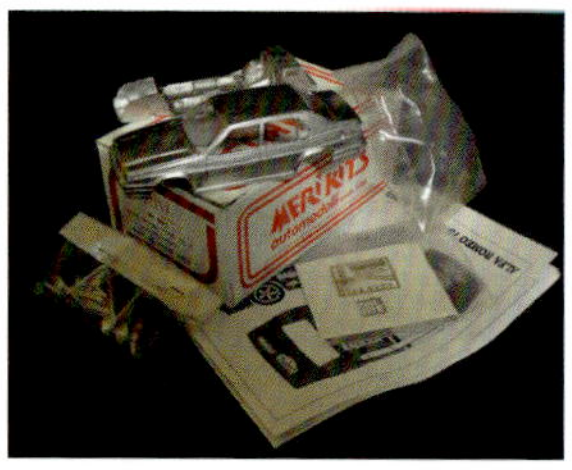

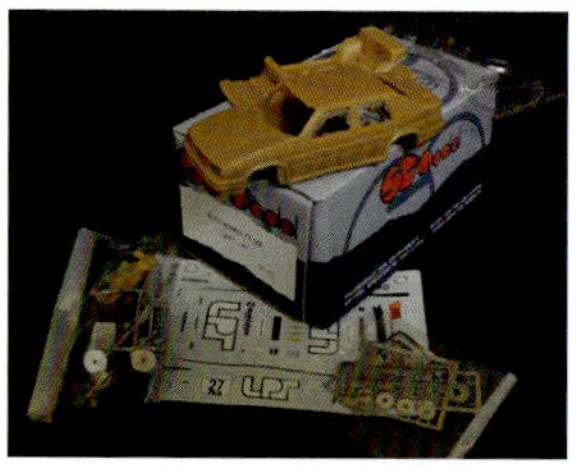
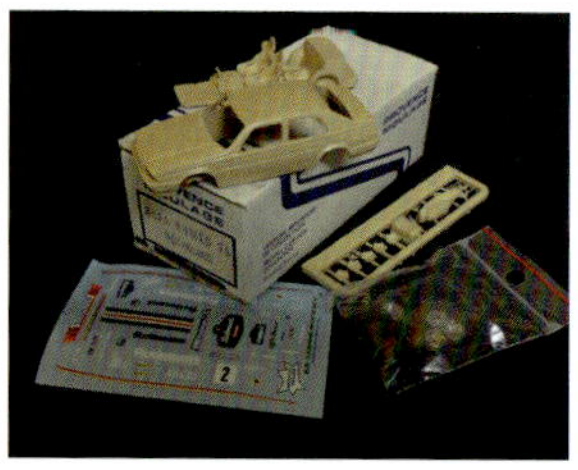
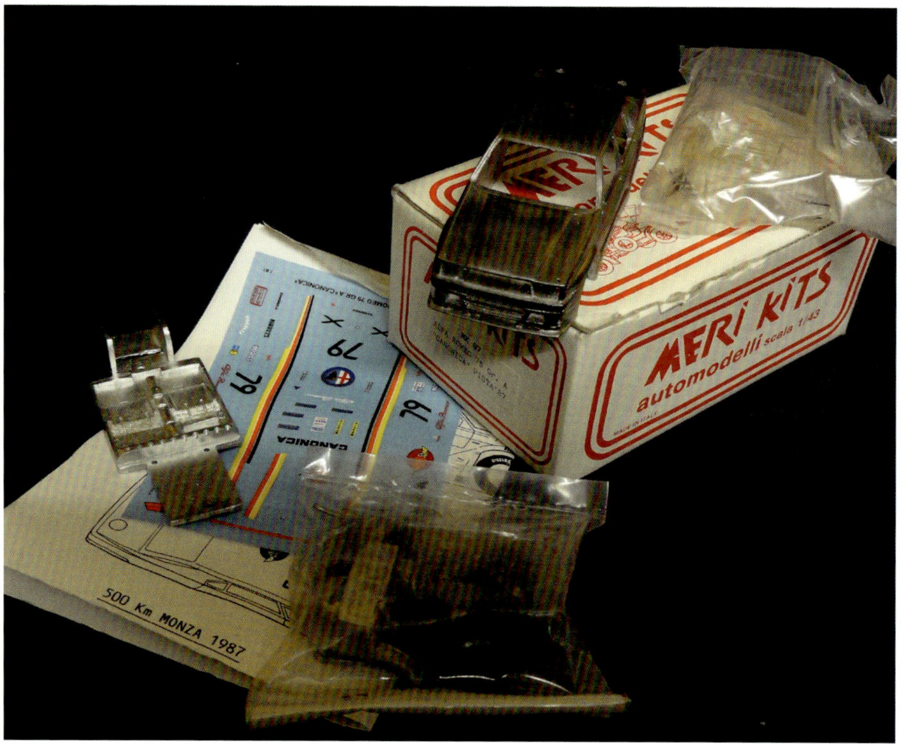

Oben: Aus dem Kit von Meri wird der 75 „Evoluzione 500 km von Monza Canonica“ auf dem Bild gleich daneben mit der Startnummer 79.

Rechts: im Uhrzeigersinn Der Prototyp des 75 Turbo Evoluzione, der „TCC“, und ein Modell der endgültigen Evoluzione-Version, beide von Alezan, dann zwei 75 3.0 V6 America von Alezan und schließlich der 75 Turbo von Provence Moulage mit der Startnummer 6.

Maßstab	Modellart	Bezeichnung	Hersteller	Farbe
1:87	Fertigmodell	75 2.0 Twin Spark Stradale 1989	Co.Met. Milano	blau metallic
1:87	Fertigmodell	75 2.0 Twin Spark Stradale 1989	Co.Met. Milano	grün metallic
1:87	Fertigmodell	75 2.0 Twin Spark Stradale 1989	Co.Met. Milano	grau-grün metallic
1:87	Fertigmodell	75 2.0 Twin Spark Polizia Svizzera (Comune Lugano) 1989	Co.Met. Milano	weiß
1:87	Fertigmodell	75 2.0 Twin Spark Red Cross 1989	Co.Met. Milano	weiß
1:87	Fertigmodell	75 2.0 Twin Spark Stradale 1989	Neo	rot
1:87	Fertigmodell	75 2.0 Twin Spark Stradale 1989	Neo	weiß
1:87	Fertigmodell	75 1.8 Turbo Station Wagon 1986	Neo	rot

Maßstab	Modellart	Bezeichnung	Hersteller	Farbe
1:100	Fertigmodell	75 3.0 V6 America 1988	Kyosho	rot
1:100	Fertigmodell	75 3.0 V6 America 1988	Kyosho	gelb
1:100	Fertigmodell	75 3.0 V6 America 1988	Kyosho	schwarz

Die Restaurierung eines Bburago Modells im Maßstab 1:24. Nach der Neulackierung werden alle Details von Hand gemalt und neue Räder montiert. Zudem werden Außenspiegel, Scheibenwischer, Auspuff und Embleme angebracht.

Alfa Romeo 75 Turbo IMSA Giro d'Italia 1989 Bermat Bausatz im Maßstab 1:24.

Der Italiener Corrado Beretta bietet unter seinem Label Bermat einen Kleinserien-Bausatz vom Alfa 75 Turbo IMSA „Giro d'Italia 1989" im Maßstab 1:24 an.

Ein sehr schönes Modell aus Resine, wenn es denn fertig ist. Vorher müssen aber doch einige Anpassungsarbeiten vorgenommen werden, bis auch alles zusammenpasst wie es sollte. Außerdem müssen die Decals, vor dem Ablösen im Wasser, der Kontur entlang ausgeschnitten werden, da sie nicht wie gewohnt vorgeschnitten sind. Ferner ist dieser Bausatz kein Plug & Play Kit, wie man es beispielsweise von Tamiya kennt. Trotzdem macht der Bausatz dem geübten Bastler Spaß, sofern man den eher großen Aufwand nicht scheut. Das Endergebnis kann sich sehen lassen und tröstet einen über den Preis von 110.- Euro hinweg.

Das auf 1000 Stück limitierte 1:18-Modell von Laudoracing ist sehr detailgetreu und wird in Handarbeit gefertigt. Die Räder sind drehbar, jedoch ohne Lenkung. Auch wenn weder Türen noch Motorhaube zu öffnen sind, ist das Modell ein sehr schönes Sammler-Exemplar für jeden Alfa-Liebhaber.

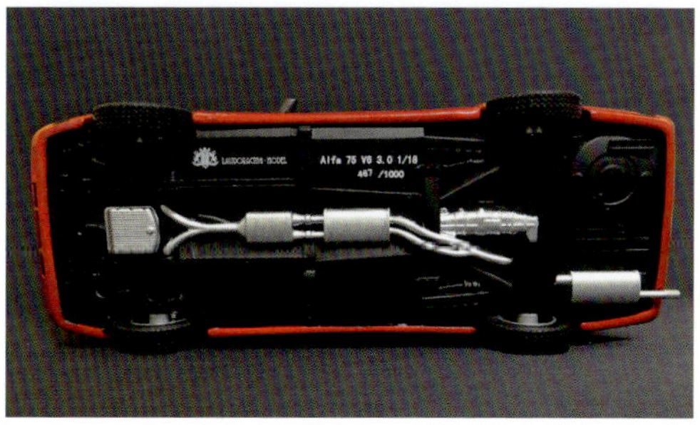

Jürgen Neuhaus
22
Kurt Ahrens
23
AW QV 75

8 Die Nachfolger

Oben: Der Alfa Romeo 155 war der direkte Nachfolger des Alfa 75, jedoch nun mit Frontantrieb und komplett unter Fiat-Regie gebaut. Oben ein 1.7 TS der 1. Serie, darunter die geliftete Version mit den breiteren Kotflügeln vorne und hinten.

Rechts oben: Der Alfa SZ (Sprint Zagato) war hingegen in technischer Sicht der Nachfolger. Unter dem Glasfaserkleid verbargen sich noch die Plattform und die Mechanik des Alfa 75 V6 QV.

Rechts unten: 1992 präsentierte Alfa Romeo dann noch die offene Version, den RZ (Roadster Zagato) mit gleicher Technik.

8 Die Nachfolger

1992 wurde die Produktion des Alfa Romeo 75 eingestellt, als letzter lief ein 1.6 I.E. vom Montageband in Arese. Bereits einige Monate zuvor waren die ersten Exemplare des Nachfolgers Alfa 155 ausgeliefert worden. Genau genommen gab es zwei Nachfolger: In technischer Hinsicht war dies der auf 1000 Exemplare limitierte und von Hand gefertigte Alfa Romeo ES30.

Die Bezeichnung ES30 leitete sich vom Begriff „Experimental Sportscar 3.0 Litre" ab. Das Fahrzeug ließ die traditionsreiche Verbindung von Alfa Romeo und der Carrozzeria Zagato wieder aufleben. Verkauft wurde der extrem gezeichnete Sportwagen dann als SZ (Sprint Zagato). Bald hatte er einen Spitznamen weg: „il mostro" – das Monster. Das auffällige Styling war die Frucht der Zusammenarbeit zwischen den Designzentren von Fiat, Alfa Romeo und Zagato.

Bodengruppe, Technik und Elektronik wurden zum großen Teil vom Alfa 75 QV übernommen. Das drei Liter große V6-Triebwerk war identisch mit dem des QV, leistete dank einiger technischer und elektronischer Anpassungen allerdings 210 PS. Auch das Getriebe stammt aus dem QV, hatte aber einen zusätzlichen Getriebeölkühler. Das Fahrwerk wurde jedoch durch ein hydraulisches ersetzt, das sich per Knopfdruck in der Höhe um 40 mm verstellen ließ, was allerdings in erster Linie für das Erklimmen von Bordsteinen gedacht war.

Der SZ wurde bereits im März 1989 im Autosalon in Genf vorgestellt und bis Mitte 1992 gebaut. Mit diesem exklusiven zweisitzigen Fahrzeug wollte Alfa Romeo – respektive der neue Besitzer Fiat – zeigen, dass die Mailänder Traditionsmarke nach wie vor technisch stark und exklusiv sei.

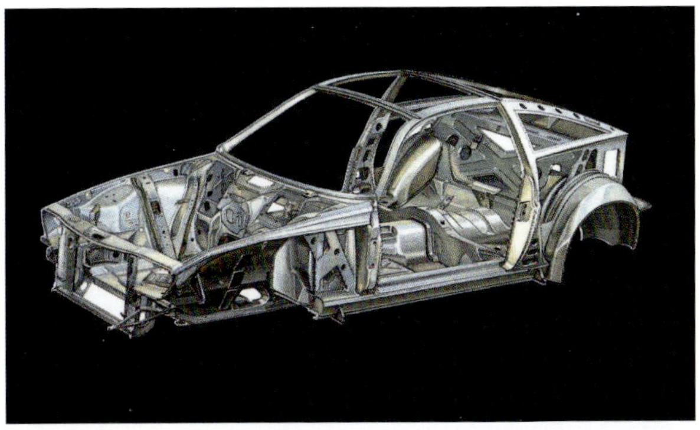

Die Karosserie bestand aus einem Stahlskelett, die Außenhaut aus Glasfaser und einem Methacrylharz-Kunststoff. Die Fertigung der Fahrzeuge erfolgte in den Zagato-Werkshallen in Terrazzano di Rho in Handarbeit. Der SZ war ausschließlich in der Farbe Rosso Alfa mit cremefarbenem Leder lieferbar.

Auf der „Mondial de l'Automobile" in Paris erschien im Herbst 1992 die offene Version unter dem Namen RZ (Roadster Zagato). Das Fahrzeug basierte weitestgehend auf dem des SZ, hatte allerdings erhebliche Versteifungen und ein schwarzes Stoffverdeck erhalten. Die Frontscheibe war deutlich flacher geneigter und länger. Die Antriebstechnik blieb unverändert. Insgesamt stieg das Gewicht des RZ gegenüber dem geschlossenen SZ um 120 kg.

Der RZ war in rot und in gelb mit schwarzem Leder sowie in silbermetallic (nur drei Exemplare) und in schwarz mit rotem Leder lieferbar. Anstelle einer geplanten Stückzahl von 350 wurden bis Ende 1993 jedoch nur 278 Exemplare dieses Fahrzeugs gebaut, davon 37 Stück in Eigenregie von Zagato, deshalb trägt jene im Cockpit von Nummer 241 befestigte Produktionsplakette die höchste Zahl.

Oben: Schnittzeichnungen des SZ. Die leichten Karosserieteile aus Glasfasern sind auf ein herkömmliches Blechskelett montiert.

Mitte links: Die Technik von SZ und RZ entsprachen weitgehend der des Alfa 75 3.0 V6 QV. Dazu gab es einige Verbesserungen wie das höhenverstellbare Fahrwerk.

Mitte rechts: Das Cockpit mit lederbezogenem Armaturenbrett und Momo-Sportlenkrad

Oben: Auch beim Alfa 155 ist die unverkennbare Keilform sehr gut zu erkennen. Auf dem Bild ein 155 Q4 2.0 Turbo. (ebenfalls im Bild Mitte)

Mitte rechts: Viele Behörden wie Polizei und Carabinieri setzten mit dem 155 auch nach dem 75 weiterhin auf Alfa-Romeo-Zuverlässigkeit.

SZ und RZ blieben Exoten und waren zwar rein technisch mit dem 75 verwandt. Der richtige Nachfolger war aber natürlich der 155. Es war der erste Alfa Romeo, der komplett unter Fiat-Regie entwickelt und produziert wurde. Seit 1988 war Alfa 100-prozentige Konzerntochter. Der neue Wagen wurde in der Nähe von Neapel in den Werken von Pomigliano d'Arco gebaut. Er wurde im Januar 1992 in Barcelona der Fachpresse vorgestellt und kam nach dem Genfer Autosalon noch im März des Jahres in den Handel.

Es gab Motoren von 1,7 bis 2,5 Liter Hubraum, darunter auch die bekannten Twin Spark und V6 aus dem Alfa 75. Neu war nun allerdings der Frontantrieb, den freilich schon der 1987 eingeführte 164 hatte, und der damit verbundene Quereinbau der Motoren. Mit dem 155 Q4 stand nun aber auch eine Variante mit Allradantrieb im Angebot von Alfas Mittelklasselimousinen. Entworfen wurde der 155 vom Designzentrum I.De.A., dabei war Ercole Spada federführend für das Projekt verantwortlich, in Zusammenarbeit mit dem Centro Stile Alfa.

Danksagung

Besonderer Dank gilt natürlich Marco Fazio vom Centro Documentazione Alfa Romeo in Arese für die wertvollen Dokumentationen und Bilder. Danke auch allen Fotografen, die ihr Bildmaterial zur Verfügung gestellt haben. Namentlich erwähnen möchte ich hier Michael Ward, Peter Collins, Hilbert Flokstra, Reinhard Klein, Daniel Bussmann, Enrico Varrica, Christoph Pfäffli und Heinz Haldenstein. Überdies hat Fotograf Jan Strunk bei den beiden eigens für dieses Buch organisierten Fototerminen am Nürburgring und in der Umgebung von Göppingen hervorragende Arbeit geleistet.

Dankenswerterweise haben dafür ihre Autos zur Verfügung gestellt: Alfred Andreoli vom Alfaclub Deutschland, der die Fototreffen mitorganisiert hat, Bernardo Foelix, Manfred Knaus, Ralph Margenfeld, Fredy Stricker und Martin Weiffen. Dank auch an Thomas Beyert, Vorsitzender des Alfaclubs, der auf Anfrage des Verlags sogleich einen Aufruf unter den Mitgliedern gestartet hat. Zwei weitere automobile Fotomodelle und selbstlos anpackende Helfer stellte Ron Simons Racing RSR am Nürburgring. Aus Mailand schickte Assistente Capo Claudio Montagni vom Autocentro Polizia di Stato Bilder vom Polizei-75. Dass ein Teil der Bilder in Rechberghausen vor dem Rathaus entstehen konnten, ist Herrn Bürgermeister Reiner Ruf und Thomas Möck vom Gemeinderat zu verdanken. In Eislingen durfte Fotograf Jan Strunk mit den Alfas aufs Gelände der Firma Benecke-Kaliko, die übrigens Armaturenbretter für den Alfa Mito herstellt. Dank an Jörg Fröhlich (Geschäftsführer Werk Eislingen) und an Jürgen Eisele vom Stadtrat Eislingen.

Fotos: Jan Strunk, Centro Documentazione Alfa Romeo, Fotoarchive von: Michael Ward, Peter Collins, Reinhard Klein, Hilbert Flokstra, Enrico Varrica, Daniel Bussmann, Heinz Haldenstein, Christoph Pfäffli und Umberto Di Paolo